电力通信电源系统

建设施工与运维

李鹏　杨平　主编

中国电力出版社
CHINA ELECTRIC POWER PRESS

内 容 提 要

本书全面介绍了电力通信电源系统的建设、施工和运维管理。书中详细阐述了系统的组成、关键技术、安装工艺、运行维护及故障检修要点，涵盖了高频开关电源、交直流分配屏、通信蓄电池、不间断电源（UPS）和 DC/DC 变换电源等关键设备的原理、应用，以及动力环境监测系统的安装和通信电源监控系统的功能要求。同时，还介绍了蓄电池远程充放电新技术应用。

本书适用于推广应用电力通信电源远程新技术的地区相关岗位从业人员阅读使用。

图书在版编目（CIP）数据

电力通信电源系统建设施工与运维 / 李鹏, 杨平主编. -- 北京 : 中国电力出版社, 2025. 3. -- ISBN 978-7-5198-9264-7

Ⅰ . TM73

中国国家版本馆 CIP 数据核字第 2024T9S055 号

出版发行：中国电力出版社
地　　址：北京市东城区北京站西街 19 号（邮政编码 100005）
网　　址：http://www.cepp.sgcc.com.cn
责任编辑：穆智勇（zhiyong-mu@sgcc.com.cn）
责任校对：黄　蓓　于　维
装帧设计：王红柳
责任印制：石　雷

印　　刷：北京世纪东方数印科技有限公司
版　　次：2025 年 3 月第一版
印　　次：2025 年 3 月北京第一次印刷
开　　本：710 毫米×1000 毫米　16 开本
印　　张：10.25
字　　数：162 千字
定　　价：60.00 元

编　委　会

前言

在当今快速发展的电力行业中，通信电源系统作为保障电网安全稳定运行的关键基础设施，其重要性日益凸显。随着电网规模的不断扩大和自动化水平的持续提升，对电力通信电源系统的可靠性、稳定性和智能化管理提出了更高的要求。

本书的创作初衷，是为了填补当前电力通信电源系统领域系统性、实用性参考书籍的空白，通过将先进的理论知识、丰富的实践经验及创新的技术应用结合起来，为电力通信电源系统的规划、设计、施工、运行和维护提供一本实用的科技图书。书中不仅详细介绍了电力通信电源系统的基本原理和关键技术，还重点阐述了系统的安装工艺、运行维护策略和故障检修方法，力求使读者能够全面、系统地掌握电力通信电源系统的建设和运维知识。

本书共分为六章：第1章对电力通信电源系统进行了全面的概述，包括系统的概念、组成和功能要求；接下来的章节分别深入探讨了通信直流电源系统、通信交流电源系统、动力环境监测系统、电力通信电源系统运维检修要点，以及蓄电池远程充放电新技术应用。书中不仅包含了丰富的技术细节和实际操作指导，还结合了大量的案例分析，将理论与实践相结合，更加贴近实际工作需求。

由于编者水平及时间所限，书中疏漏之处在所难免，恳请广大读者批评指正。

编　者

2025 年 2 月

目录

前言

第1章 电力通信电源概述 ·· 1

  1.1 系统概念 ··· 1

  1.2 系统组成 ··· 1

  1.3 系统要求 ··· 3

  1.4 故障影响 ··· 8

第2章 通信直流电源系统 ·· 11

  2.1 高频开关电源系统 ·· 11

  2.2 一体化通信电源系统 ··· 21

  2.3 嵌入式通信电源系统 ··· 28

  2.4 通信蓄电池组 ·· 38

第3章 通信交流电源系统 ·· 45

  3.1 低压交流供电系统 ·· 45

  3.2 UPS 电源系统 ·· 48

  3.3 UPS 蓄电池组 ·· 62

第4章 动力环境监测系统 ·· 76

  4.1 系统组成及组件原理 ··· 76

  4.2 功能要求及指标要求 ··· 78

  4.3 安装要求及步骤 ··· 81

  4.4 通信接口与通信协议 ··· 87

第5章 电力通信电源系统运维检修要点 ·································· 92

  5.1 运行维护 ·· 92

5.2　日常检修 ··· 100

5.3　故障处置 ··· 112

5.4　常用工器具 ·· 128

第 6 章　蓄电池远程充放电新技术应用 ······················· 135

6.1　系统原理与架构 ·· 135

6.2　典型配置 ··· 140

6.3　安装步骤及要求 ·· 141

练习题及答案 ·· 143

参考文献 ·· 154

第1章
电力通信电源概述

1.1 系 统 概 念

通信电源为整个通信系统提供稳定可靠的电力供应，是通信系统中不可或缺的组成部分。在电力系统中，通信电源不仅为站内不同类型的通信类设备提供电力，同时还为部分保护安控接口装置供电，其供电质量及可靠性会直接影响通信系统的正常运行和通信质量，是保障电网安全运行的重要基础设施。当前，通信系统在支撑电网安全运行及电网发展中的作用比任何时期都更为重要，尤其是在电网强直弱交的过渡期，电网运行对通信保障提出了极高的要求。

根据工信部的规定，$-48V$ 和 $\pm 24V$ 是直流基础电源的标准电压，其中 $-48V$ 是首选基础电源，而 $\pm 24V$ 作为过渡电源正在逐步被淘汰。在实际应用中，如果需要其他种类的直流电压电源，通常通过 DC/DC 变换器将 $-48V$ 基础电源转换为所需的电压。

此外，通信电源系统还包括多种运行方式，如集中供电、分散供电和混合供电系统，以及相应的设备配置原则和监控系统，以确保电源系统的稳定运行，并及时响应可能出现的故障。通信电源系统的设计和配置需要考虑通信设备的负荷需求、蓄电池的容量、整流器的配置等多种因素，以保证在各种情况下都能提供可靠的电源支持。

1.2 系 统 组 成

电力通信电源系统主要包括低压交流配电屏、高频开关电源系统、不间断电源（UPS）设备、蓄电池组、直流配电等。图 1.1 所示是一个较完整的电力通信电源系统组成示意图。

1

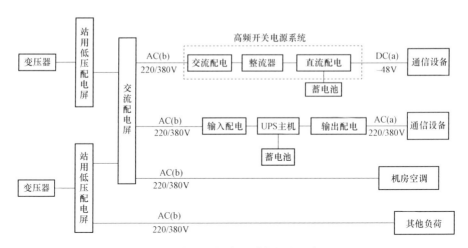

图 1.1　电力通信电源系统组成示意图

注：图中标注"（a）"表示不间断，"（b）"表示可短时间中断。

电力通信电源系统应不间断地为电力通信设备提供电源，为满足这一要求，要将可能中断的交流市电转换为不间断的电源对通信设备供电。有的通信设备使用直流电源，如 SDH、交换机、PCM 等通信设备；有的通信设备使用交流电源供电，如计算机服务器等设备。

实现直流通信电源和 UPS 供电不间断，要靠蓄电池储存的能量来保证。交流 UPS 结构复杂，内部一般都是高压大电流，蓄电池的能量转换需要复杂的电路。直流通信电源的蓄电池直接与负载设备连接，没有任何转换电路，因此直流通信电源的可靠性要比 UPS 高。为保证设备供电可靠性，通信设备通常都采用 −48V 直流电源供电。在电力通信系统中，直流不间断电源系统主要采用 −48V 高频开关电源系统和一体化电源系统。

−48V 高频开关电源系统通过将交流 220V 转换为直流 −48V，配合蓄电池组为通信设备运行提供不间断的 −48V 直流电源，保障通信设备可靠运行。−48V 高频开关电源系统通常由高频开关电源、交流配电装置、直流配电装置、蓄电池组等部分组成。

正常情况下，−48V 高频开关电源系统运行在并联浮充状态，即高频开关整流模块、通信设备负载、蓄电池组并联工作。高频开关整流模块除了给通信设备负载供电，还为蓄电池组提供浮充供电。当交流输入中断时，高频开关整流模块停止工作，由蓄电池组向通信设备负载供电，维持通信设备的正常工作。

交流市电恢复后，高频开关整流模块重新工作，向通信设备供电，并对蓄电池充电，补充消耗的电量。

变电站一体化电源系统使用 DC/DC 变换电源装置将站用 220V 直流转换为 −48V 直流电源为通信设备供电。交流中断时，站用 220V 直流电源采用后备蓄电池组保证不间断供电。

交流 UPS 主要用于给计算机网络设备、存储设备、服务器设备等提供稳定、不间断的电力供应。UPS 由 UPS 主机和蓄电池构成。UPS 设备先采用整流器将交流转换为直流，再通过逆变器将直流转换为交流。蓄电池组接入整流器和逆变器之间的直流母线，交流中断时，蓄电池组通过逆变器为通信设备提供电源。

1.3　系　统　要　求

1.3.1　系统可靠性

通信电源的可靠性是确保通信系统连续稳定运行的核心要素，它要求在任何情况下都能保证供电的连续性和稳定性，避免任何形式的供电中断。这一要求在当前高速数据传输的通信环境中尤为关键，因为即使是短暂的供电中断也可能导致数据传输的中断，从而引发不可估量的损失。

系统可靠性的高低直接体现了设备在综合技术水平上的优劣，涵盖了从器件、材料的选择，到电路设计、热设计、电磁兼容（EMC）设计，再到制造工艺和质量控制等多个方面。为了实现高可靠性的通信电源系统，必须对每一个环节都严格把控，确保各种电源设备、开关和配电设备都具备高度的安全性和可靠性，并具备较长的平均无故障时间。

通信电源系统的可靠性用"不可用度"指标来衡量。电源系统的不可用度是指电源系统的故障时间与故障时间和正常供电时间之和的比，即

$$电源系统不可用度 = \frac{故障时间}{故障时间 + 正常供电时间} \qquad (1\text{-}1)$$

YD/T 1051—2018《通信局（站）电源系统总技术要求》中规定：一类局站电源系统的不可用度应不大于 5×10^{-7}，即平均 20 年时间内，每个电源系统

故障的累计时间应不大于 5min。

在评估通信电源系统主要设备的可靠性时，通常采用"平均故障间隔时间（mean time between failure，MTBF）"作为关键指标，并在 YD/T 1051—2018 等标准中进行了明确规定。例如，对于高频开关整流器，在预计的 15 年使用寿命内，其 MTBF 应至少达到 5×10^4h，这确保了设备在长时间运行中的稳定性和可靠性。同样，对于阀控式密封铅酸蓄电池组，在全浮充工作方式下，其 MTBF 在 8 年的使用期内应不小于 3.5×10^5h，这也反映了蓄电池组在通信电源系统中的重要性及其持久稳定性。

为了确保通信设备获得可靠且不间断的电力供应，对于交流供电的设备，应采用交流不间断电源（UPS）系统。而对于直流供电的设备，则推荐使用整流器与蓄电池组并联浮充的供电方式，这种方式在市电中断时蓄电池组能够迅速接管供电，确保通信设备的连续运行。

1.3.2　系统稳定性

通信设备对供电电压的稳定性有严格的要求，这是确保通信质量和系统正常运行的必要条件。特别是对于计算机控制的通信设备，其数字电路的高速工作和宽频带使得它们对电压波动、杂音电压及瞬变电压等干扰因素极为敏感。供电电压过高或过低都会带来严重的影响：过高的电压可能损坏通信负载设备的元器件，而过低的电压则可能影响通信系统的正常运行。

通信设备用交流电供电时，在通信设备的电源输入端子处测量，电压允许波动范围为额定电压值的 $-10\% \sim +5\%$，即相电压为 198～231V、线电压为 343～400V。

通信电源设备及重要建筑用电设备采用交流电供电时，在设备的电源输入端子处测量，电压允许变动范围为额定电压值的 $-15\% \sim +10\%$，即相电压为 187～242V、线电压为 324～419V。当市电供电电压不能满足上述规定时，应采用调压或稳压设备来满足电压允许变动范围的要求。交流频率允许变动范围为额定值 $\pm4\%$，即 48～52Hz。交流电压波形正弦畸变率应不大于 5%。电压波形正弦畸变率是电压的谐波分量有效值（各谐波分量的方均根值）与总有效值（基波和各谐波分量的方均根值）之比的百分数。三相电压不平衡度应不大于 4%。设置降压电力变压器的通信局（站），应安装无功功率补偿装置，使功率因数保持在 0.9 以上。

通信设备用 −48V 直流电供电时，在通信设备受电端子上，电压允许变动范围为 −57～−40V。通信用直流电源电压的纹波用杂音电压来衡量，在直流配电屏输出端子处测量，电话衡重杂音电压低 2mV；峰 − 峰值不高于 200mV（0～20MHz）；3.4～150kHz 宽频（有效值）低 100mV；0.15～30MHz 宽频（有效值）低 30mV。供电回路全程最大允许压降为 3.2V。直流供电回路中每个接线端子（直流配电屏以外）的压降应符合下列要求：1000A 以下，每百安接线端子压降不大于 5mV；1000A 以上，每百安接线端子压降不大于 3mV。

1.3.3　系统安全性

安全供电无疑是通信系统中至关重要的环节，它涵盖了多个方面的考量。从电源机房的选址和建设开始，就必须遵循严格的防火、抗震等灾害预防措施，以确保在任何潜在危险面前都能保障设备和人员的安全。此外，对于工作人员的操作规程和安全意识的培训也是必不可少的，必须确保每位工作人员都能严格遵守安全规范，时刻保持警惕。

针对通信电源系统本身，为确保供电安全、设备稳定及人身安全，以下要求应得到严格执行：

（1）通信局（站）的电源系统必须配备完善的接地与防雷设施。这不仅包括可靠的过压和雷击防护功能，确保在极端天气条件下设备能够正常运行，同时也要求电源设备的金属壳体能够可靠地接地，以防止静电和其他电气干扰对设备造成损害。

（2）通信电源设备及电源线应具备卓越的电气绝缘性能。这意味着电源设备必须具有足够大的绝缘电阻和绝缘强度，以防止电流泄漏和电气短路等危险情况的发生。

（3）通信电源设备应具有保护与告警性能。此外，电源设备还需满足外壳防护等级的要求。

下面介绍高频开关电源系统安全性方面的要求。

1. 防雷

高频开关电源系统应具有三级防雷装置，在进网检验时，系统需能够承受模拟雷击电压波形为 10/700μs、幅值达到 5kV 的雷电冲击 5 次，承受雷击电流波形为 8/20μs、幅值为 20kA 的雷电冲击 5 次，每次冲击间隔时间不小于 1min。在承受以上雷电冲击后，设备应能正常工作。

2. 电气绝缘

YD/T 1058—2015《通信用高频开关电源系统》规定：在环境温度为 15～35℃、相对湿度为 90%、试验电压为直流 500V 时，交流电路和直流电路对地、交流部分对直流部分的绝缘电阻均不低于 2MΩ。对绝缘强度则要求：交流输入对地应能承受 50Hz、有效值为 1500V 的正弦交流电压或等效其峰值 2121V 的直流电压 1min 且无击穿或飞弧现象。交流输入对直流输出应能承受 50Hz、有效值为 3000V 的正弦交流电压或等效其峰值 4242V 的直流电压 1min 且无击穿或飞弧现象。直流输出对地应能承受 50Hz、有效值为 500V 的正弦交流电压或等效其峰值 707V 的直流电压 1min 且无击穿或飞弧现象。

3. 保护与告警性能

YD/T 1058—2015 规定：高频开关电源系统应具有交流输入过/欠电压及缺相保护、直流输出过/欠电压保护、直流输出限流保护及过流与短路保护、蓄电池欠压保护（可选）、负载下电功能（可选）、熔断器或断路器保护、温度过高保护等保护性能。在各种保护功能动作的同时，应能自动发出相应的可闻可见告警信号，并能通过通信接口将告警信号传送至监控设备。

1.3.4　电磁兼容性

随着电子电气设备的普及和应用，人类生活的电磁环境变得越来越复杂。为了确保通信电源设备在这种环境下能够稳定运行，同时避免对其他设备造成干扰，电磁兼容性变得至关重要。

电磁兼容性（electro magnetic compatibility，EMC）是指设备或系统在其所处的电磁环境中能够正常工作，并且不会对该环境中的其他事物产生不可接受的电磁骚扰。它涵盖了两个核心方面：① 设备自身不会产生过度的电磁骚扰，影响其他设备的正常运行；② 设备具有一定的抗扰度，能够抵御来自外部环境的电磁骚扰，保持其性能不受影响。

电磁骚扰（electro magnetic disturbance，EMD）是指任何可能降低装置、设备或系统性能，或对生物和非生物产生损害作用的电磁现象。这种骚扰可能来自设备内部或外部，它会对通信质量产生负面影响，甚至导致通信失效。因此，必须采取有效措施限制电磁骚扰的产生，确保通信设备与系统及其他电子电气设备能够正常工作。

随着电磁环境的日益复杂，任何电子电气设备都需要具备一定的抗扰度，以应对来自外部环境的电磁骚扰。抗扰度也称为抗扰性，是指装置、设备或系统在面临电磁骚扰时能够保持性能稳定的能力。只有具备了足够的抗扰度，设备才能在复杂的电磁环境中保持正常工作，确保通信的稳定性和可靠性。

1.3.5　过电压防护

过电压指峰值大于正常运行下最大稳态电压的相应峰值的任何电压。在工程上，它指一切可能对设备造成损害的危险电压。通信电源系统中，应注意对通信设备的供配电系统采取多级过电压防护。

通信机房过电压防护配置如图 1.2 所示。S_1、S_2、S_3 为电源浪涌保护器。在进入机房的低压交流配电柜入口处配备第一级防护（S_1）；整流设备入口或不间断电源入口处配备第二级防护（S_2）；在整流设备出口或不间断电源出口的供电母线上配备工作电压适配的电源浪涌保护器，为末级防护（S_3）。特殊情况可增加或减少防护级数。

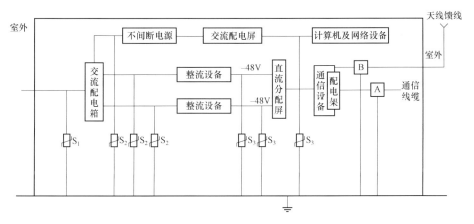

图 1.2　通信机房过电压防护配置示意图

1. 第一级过电压防护

第一级过电压防护用于防止浪涌电压直接导入，将数万至数十万伏的浪涌电压限制在 2500～3000V。S_1 级过电压防护一般采用 B 级防雷器。

2. 第二级过电压防护

第二级过电压防护进一步将通过第一级防雷器的残余浪涌电压限制在1500～2000V。S_2 级过电压防护一般采用 C 级防雷器。

3. 第三级过电压防护

第三级过电压防护是保护设备的最终手段，将残余浪涌电压的值降低到1500V 以内，使浪涌的能量不致损坏设备。S_3 级过电压防护一般采用 D 级防雷器。

防雷措施的实施级数并非固定不变，而是需要根据被保护设备的耐压等级来科学合理地确定。如果经过评估，两级防雷措施已足够将电压限制在设备的耐压水平以下，则只需进行两级防护即可。如果被保护设备的耐压水平较低，可能就需要更多级的防护措施，如四级或更多，以确保设备免受雷电损害。对于拥有通信系统的建筑物，三级防雷是一种成本较低、保护较为充分的选择。

1.4 故 障 影 响

通信电源作为通信领域中的独立科目，与传输和交换系统有所不同，通常并不配备专业的网络管理系统，并且在投入使用后，其运行方式也较少进行改动。这种特性使得通信电源可能存在的缺陷和隐患难以被及时察觉。然而，随着通信站点内设备容量不断扩大，特别是大容量、高功耗设备的增加，通信系统的供电需求和结构也在不断变化，对通信电源的运维和保障能力提出了更为严格的要求。

近年来，通信电源故障事件频繁发生，且每次故障都可能带来严重的后果。由于通信网络的全程全网特性，通信电源的运行状况不仅关系到其所在站点的稳定运行，更对整个通信网络的安全运行产生深远影响。因此，通信电源的管理和维护已经成为保障通信系统安全运行的关键因素。从某种角度看，对通信电源的管理应当与变电站的管理同等重要，甚至需要更高的关注度。

1.4.1 电网事故风险

随着特高压交（直）流电网的建设和投入运行，以及无人值守变电站和集中监控系统的快速发展，电网与通信网之间的联系变得更加紧密和依赖。通信网在电网运行中扮演着至关重要的角色，它承载着电网所需的各类关键信息，如监测、保护和控制等。可以说，没有通信网的支撑，电网将无法有效运行。一旦通信电源系统故障引起通信设备供电中断，就会造成通信设备停运，进而导致电网监测、保护、控制业务通道中断，严重时将导致电网线路停运，甚至可能导致电网解列和局部瘫痪，造成巨大经济损失。

当通信电源设备故障时，可能导致线路继电保护或安全稳定控制装置不正确动作，直接或间接引发电网五级事件。当通信电源系统故障时，可能导致一条电力线路的两套继电保护、安全稳定控制通道中断，造成单条一次线路停电或损失负荷，还可能造成多条线路的所有继电保护、安全稳定控制通道中断，造成多条一次线路停电或损失负荷，或影响一次线路输电能力。

1.4.2 设备事故风险

根据《国家电网有限公司安全事故调查规程》，省级电力公司及以上单位本部通信站通信业务全部中断为五级设备事件；500kV 以上系统中，一个厂站的调度电话业务、调度数据网业务及实时专线通信业务全部中断、地市供电公司级单位本部通信站通信业务全部中断为六级设备事件。从近年来电力通信系统运行情况看，最有可能导致上述五、六级设备事件发生的就是通信电源系统故障。同时，在《国家电网有限公司安全事故调查规程》中还依据设备断电时长对机房不间断电源系统、直流电源系统故障进行了分级，具体规定如下：

（1）A 类机房中的自动化、信息或通信设备失电，且持续时间 8h 以上；B 类机房中的自动化、信息或通信设备失电，且持续时间 24h 以上；C 类机房中的自动化、信息或通信设备失电，且持续时间 72h 以上，为五级设备事件。

（2）A 类机房中的自动化、信息或通信设备失电，且持续时间 4h 以上；B 类机房中的自动化、信息或通信设备失电，且持续时间 12h 以上；C 类机房中的自动化、信息或通信设备失电，且持续时间 48h 以上，为六级设备事件。

（3）A 类机房中的自动化、信息或通信设备失电，且持续时间 2h 以上；

B 类机房中的自动化、信息或通信设备失电，且持续时间 6h 以上；C 类机房中的自动化、信息或通信设备失电，且持续时间 24h 以上，为七级设备事件。

其中，A、B、C 类机房根据 Q/GDW 10343—2018《信息机房设计及建设规范》确定。

第2章
通信直流电源系统

2.1 高频开关电源系统

高频开关电源系统包括开关整流设备、阀控式铅酸免维护蓄电池、直流馈电柜等，是保障通信设备、电网供电稳定和连续性的重要设备。高频开关电源系统的稳定运行不仅关系到电力通信负载设备的可靠性和寿命，更直接关系到电网的平稳运行。

2.1.1 系统组成及组件原理

高频开关电源的电路根据其各部分的功能可分为主要电路和辅助电路两部分。主要电路由输入滤波、整流滤波电路、直流变换电路、控制电路、输出整流滤波电路等部分组成。辅助电路由检测电路、保护电路、辅助电源、总线接口电路等部分组成。

高频开关电源基本原理框图如图 2.1 所示。

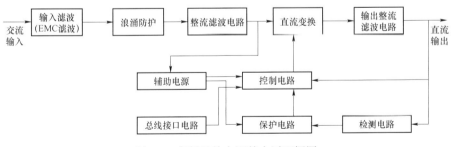

图 2.1 高频开关电源基本原理框图

1. 主要电路

（1）输入滤波：起到抑制电网中的电磁干扰的作用，也就是将电网中的尖峰等杂波过滤掉，给本机提供良好的交流电。还对开关电源本身产生的电磁干扰有抑制作用，可防止本机产生的尖峰等杂音回馈到公共电网中，以保证电网不受污染。

（2）整流滤波电路：将电网交流电源直接整流为较平滑的直流电，以供下一级变换。

（3）直流变换电路：将整流后的直流电经隔离变换为高频交流电，通常尽量提高整流频率，以利于用较小的电容、电感滤波（减小体积、提高稳压精度），同时有利于提高动态响应速度。工作频率上限最终受到元器件、干扰、功耗及成本的限制。

（4）输出整流滤波电路：将功率变换电路输出的高频交流整流变换为直流，并进行滤波处理，根据负载需要，提供稳定可靠的平滑直流电源。

（5）控制电路：由采样电路、基准电源、电压/电流比较放大、输入输出隔离、脉宽调制电路、脉冲信号源电路、驱动电路及均流电路等组成电压环、电流环双环。控制电路是实现高频开关电源的输出功率、电压、电流等运行参数控制的核心。该部分主要有三方面功能：① 实现输出电压稳定，控制电路需要从输出端取样，并与设定基准进行比较，反馈控制开关电路，改变开关振荡频率或脉冲宽度，达到输出电压稳定的目的；② 根据检测电路提供的数据，经过保护电路鉴别，对整机进行各种保护措施（过压、过流、过热等）；③ 与总线接口电路连接，与监控器交换数据，处理监控器的指令。

2. 辅助电路

辅助电路对高频开关电源主机进行运行监测，提供全过程保护、运行监控功能。

（1）保护电路：由输入保护和输出保护两部分组成。输入保护电路实现对本机交流输入级的保护，对交流输入的过压、欠压、掉电进行实时监测。输出保护分为输出过压保护电路、输出过流保护电路、输出短路保护电路等。保护电路在运行过程中实时保护本机，当异常发生时，保护本机安全运行，不发生不可逆转的元器件损坏。

（2）检测电路：检测内部电路的数据参数，并提供给保护电路和控制电路。

（3）辅助电源：提供开关整流器内部电路正常工作的各种直流电源。

（4）总线接口电路：主要是为高频开关整流器的并机、监控而设计，它和监控单元进行通信，接受监控单元的监控管理，实现模块的电压调整、均流调整等功能。

2.1.2　功能要求及指标要求

1. 整体功能要求

（1）整流设备采用模块式结构，模块单元采用插箱式安装方式，便于灵活扩容。

（2）具有较高的功率因数。

（3）具有较宽的交流输入电压范围，保证系统正常工作。

（4）整流模块具有软启动功能。

（5）整流模块具有均流功能，有较高的均流度。

（6）具有完善的电池管理功能，能实现温度补偿、自动调压、限流、电池容量计算、在线电池测试（可选）等功能。

（7）整流模块和监控模块采用热插拔方式，即插即用。

（8）提供多种通信接口（如 RS-232、RS-485/422、Modem、FE、干接点），可实现远程监控，无人值守。

（9）具有完善的交（直）流侧防雷保护。

（10）具有完备的故障保护、故障告警功能。

（11）电磁兼容：整流模块能够满足 YD/T 983—2018《通信电源设备电磁兼容性要求及测量方法》对传导和辐射干扰的要求。

2. 监控模块功能要求

高频开关电源监控模块能显示电源系统的各项运行参数、运行状态、告警状态、设置参数及控制参数。其主要功能要求如下。

（1）交流屏（或交流配电单元）。

1）遥测：三相输入电压、三相输入电流、输入频率。

2）遥信：开关状态、故障告警。

（2）整流器。

1）遥测：整流器输出总电压、输出总电流、单个整流模块输出电流。

2）遥信：每个整流模块工作状态（开/关机、均充/浮充测试、限流/不限流）、故障/正常、监控模块故障。

3）遥调：均充/浮充电压设置、限流设置。

（3）直流屏（或直流配电单元）。

1）遥测：直流输出总电压、总电流，主要支路电流。

2）遥信：直流输出电压过/欠压，蓄电池熔丝状态，主要支路熔丝/开关故障。

（4）蓄电池组。

1）遥测：蓄电池总电流、蓄电池单体电压（可选）、可监测蓄电池充放电参数统计。

2）遥信：蓄电池组单体蓄电池电压高/低（可选）。

3. 直流配电功能要求

（1）应有不少于两路直流 −48V 输入，根据需求分别接入一个或两个不同的高频开关电源或蓄电池。

（2）直流分配屏采用硬质（单）双母线输出。

（3）输出回路要有相应容量的开关或熔断器。

（4）可对直流输出电压、总电流、电池电流、各支路电流及熔断器状态等进行远程监控，并显示在液晶显示屏上。

（5）直流分配屏可独立对故障进行监控，并发出声光告警，包括各熔断器熔断告警，充电电流过大告警，电池过充、过放告警，过/欠压告警与网管系统通信功能。

4. 电源系统故障保护

（1）输入过/欠压保护。当交流输入电压超过允许的波动范围时，应具备输入过/欠压保护功能，并发出声光告警，模块将停止工作，无输出。当输入电压恢复到允许波动范围以内时，整流模块自动恢复正常工作。过/欠压保护事件发生时，模块会上报告警信号给监控模块。

（2）输出过压保护。整流模块有输出过压保护功能，过压保护启动后整流模块锁死，需要人工干预才可以开机。过压保护点应可以设置。人工干预方法可以通过监控模块复位整流模块，也可以通过从电源系统上脱离整流模块来复位。过压故障发生时，模块上报故障信号给监控模块进行相应处理。

（3）过温保护。当模块的内部温度超过允许值时，模块面板的保护指示灯燃亮，发出过温告警，模块将停止工作、无输出。当异常条件清除，模块内部的温度恢复正常后，模块将自动恢复工作，过温告警消失。过温保护发生时，模块上报告警信号给监控模块进行相应处理。

（4）风扇故障保护。当风扇发生故障时，模块将产生风扇故障告警，模块关机、无电压输出或降额输出。故障消除后，风扇可自动恢复正常工作。故障事件发生时，模块上报告警信号给监控模块进行相应处理。

（5）短路保护。整流模块采用恒流保护模式或打嗝保护模式，在输出短路的情况下，模块停机，有效地保护自身和外部设备；当短路故障消失后，模块自动恢复工作。

（6）输出电流不平衡保护。当多个整流模块在系统并联使用时，均流误差大的模块能自动识别；当模块输出电流发生严重不平衡且无输出的模块能自动识别时，发出模块输出电流不平衡告警；故障消除后，模块可自动恢复正常工作；故障事件发生时模块上报告警信号给监控模块进行相应处理。

（7）防雷及浪涌保护。系统具有完善的交（直）流防雷措施，在交流市电引入电源系统前加装 I/B 级防雷器，电源系统内部配置有交流侧防雷器（U/C级）和直流侧防雷器。交流输入侧能承受模拟雷电冲击电压波形为 10/700μs，幅值为 5kV 的正负极性冲击各 5 次；模拟雷电冲击电流波形为 8/20μs，幅值为 20kA 的正负极性冲击各 5 次，并可承受 8/20μs 模拟雷电冲击电流 40kA、1 次。每次检验冲击间隔时间不小于 1min。直流侧能承受模拟雷电冲击电流波形为 8/20μs，幅值为 10kA 的冲击一次。详细技术规定满足 YD/T 5098—2005《通信局（站）防雷与接地工程设计规范》。

2.1.3 典型配置

高频开关电源由交流配电、整流模块、直流配电、监控模块（也称控制单元）、蓄电池组及远程监控主机组成，其整体结构如图 2.2 所示。

交流市电输入到交流配电装置，通过交流配电装置将电能分配给各路交流负载和整流模块，整流模块将交流电压变换成 −48V 的直流电压。整流模块输出的直流电流汇集到直流母线，直流电压一路通过总负载分流器（采集负载电流器件）、熔断器馈入直流配电装置，由直流配电装置将直流分配给各路直流负载（SDH、PCM、程控交换机等设备）；另一路经过蓄电池分流器（采集电池组电流器件）、直流断路器、熔断器等器件向蓄电池供电，当交流供电中断时，蓄电池向负载供电。

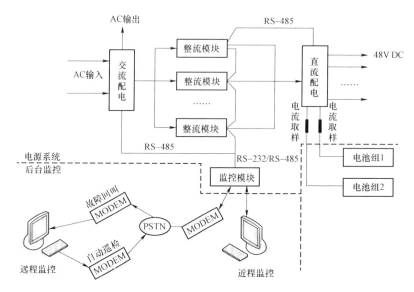

图 2.2　高频开关电源整体结构

监控模块是高频开关电源系统的控制协调中心，实时监测和控制高频开关电源系统的各个部分，监控模块配有标准的通信接口（RS－485/RS－422、CAN、RS－232 或 RS－485），可以通过就地后台或远程后台监控电源系统的运行，实现电源系统的集中维护管理。

2.1.4　安装步骤及要求

高频开关电源安装步骤可以分为安装前检查、屏柜组立、线缆敷设、交流线缆接入、蓄电池组接入、直流负载线缆接入和接地线接入七部分。

1. 安装前检查

（1）机房勘察。设备安装前应对机房进行施工前勘察，主要按如下步骤进行。

1）设备安装位置检查：查看机房中是否有空余屏位，查看待安装位置附近的走线架、走线孔和地板。

2）设备搬运路线检查：根据机房位置和待安装机柜位置确定设备的进场搬运路线。

3）设备供电检查：查看设备接入上级电源的位置，电源是否有空余空气开关（简称空开），电源空开是否满足级差要求，查看设备供电的电缆布放路径。

（2）工器具与施工材料检查。

1）根据现场条件选择施工工器具，工器具应满足绝缘要求。

2）根据设备规格准备交流供电电缆、直流配电屏连接电缆、蓄电池组连接电缆和直流负载连接电缆。

3）根据现场条件准备负载，如膨胀螺栓、线缆挂牌和扎带等。

（3）设备开箱检查。

1）联系厂家确定到货物资的规格、型号。

2）联系厂家确定安装辅材的规格与数量。

2. 屏柜组立

（1）确定机架安装的地面位置。根据设备布放空间位置要求的规定，结合电源系统合理的进出线位置、需安装设备的外形尺寸、设备操作维护的方便性、机房大小、具体环境条件等因素确定机架的地面安装位置。

（2）确定机架的安装方式。确定是否需要安装支架：当机房没有防静电地板时，一般采用在地面直接安装螺栓固定机架的方式进行安装；若机房铺设有防静电地板，则应在机架的下方安装支架。支架的制作需要根据地板和地面的高度、机架外形尺寸和底座固定孔的位置、支架承重能力等因素定制。

（3）确定安装孔位、安装膨胀螺栓。

1）在确定机架的安放地面位置后，按机架放置方位和机架固定孔位置确定安装孔位置，并标示出安装孔的中心点。如果是支架安装方式，则孔位根据支架与地面固定面的安装孔位尺寸来确定。

2）安装孔位确定以后，用冲击钻开挖安装孔。冲孔时要防止电钻振动导致偏心，另外，孔位应尽量保持与地面垂直。安装膨胀螺栓时应将螺杆加上垫片和螺帽，插入孔中用扳手顺时针旋转螺帽，使膨胀螺栓在孔中固定，然后取下螺帽和垫片。

（4）机架就位。膨胀螺栓固定好后，露出地面部分应为 30mm 左右。机架不能水平就位，通常由多人把机架抬离地面，对准孔位后落地；有条件的地方可以使用滑轮吊架，利用机架上方的吊装环吊装到位。

支架安装方式与上述方法类似，把支架在膨胀螺栓上固定好，把机架抬到或吊到支架上即可。

（5）机架固定。

1）机柜就位后要做适当的水平与垂直调整，一般使用铁片塞在机柜着地点较低的边上或角上，使机架的垂直倾角小于 5°，最后在膨胀螺栓上加装垫片、弹垫和螺母固定机架。

2）机柜在支架上安装时，用长度适宜的螺栓把支架和机架固定在一起，同样需要调整机架的垂直倾角。从不同的角度摇动机架，以感觉不到明显的松动和摇晃为合格。

（6）整机组装。指将分开包装的监控模块和整流模块装配到机架上。

1）监控模块安装固定：将监控模块插入机柜监控模块的安装位置，拧紧固定螺钉（一般情况下监控模块随机架一同运输，通常已经到位并完成电气连接）。

2）整流模块的安装固定：拆开整流器包装箱，将整流器取出，仔细检查有无破损。安装时要一手握紧把手，一手托起整流模块，缓慢推入整流模块槽位，使整流模块上的多用插头与机架上的相应插座正确可靠连接，再拧紧面板的固定螺钉。整流模块位置分配按三相平衡及有利于散热的原则确定，通常按从左到右、自上而下的顺序排列。

3. 线缆敷设

电源线的敷设方式主要有架空、沿墙或沿支架明敷、穿管、PVC 线槽、走线架、槽道（桥架）、直埋、地沟等。不同的敷设方式需要选择不同类型的电力线缆。

（1）按电源的额定容量选择一定规格、型号的导线，根据布线路由、导线的长度和根数进行敷设。

（2）沿地槽、壁槽、走线架敷设的电源线要卡紧绑牢，布放间隔要均匀、平直、整齐，不得有急拐弯或凹凸不平现象。

（3）沿地槽敷设的橡皮绝缘导线（或铅包电缆）不应直接与地面接触，槽盖应平整、密封并油漆，以防潮湿、霉烂或其他杂物落入。

（4）通信机房内一般要求交流电源线、直流电源线、通信线分开走线，采用走线架上走线方式；室外交流电源线一般采用地下直埋、穿管、地沟等方式敷设。

（5）当线槽和走线架同时采用时，一般是将交流导线放入线槽、直流导线设在走线架上。若只有线槽或走线架，交、直流导线应分两边敷设，以防交流电对通信的干扰。

（6）电源线与信号电缆同向敷设时，根据有关规定，电力电缆与信号线缆间的净距应符合表 2.1 的规定。

表 2.1　　　　　　　　信号电缆与低压电力电缆间距规定

容量（kVA）	间距（mm）	
	平行敷设	一方经接地金属线槽或金属管敷设
<2	130	70
2～5	300	150
>5	600	300

（7）电源线布放好后，两端均应腾空，在相对湿度不大于 75%时，以 500V 绝缘电阻表测量其绝缘电阻是否符合要求（要求 2MΩ以上）。

（8）根据负载支路与极性的不同，电池线与负载线每根电缆应备有线号和正负极标记，标记隔一定距离粘贴在电缆上。电池线、直流配电电缆的正极连接电缆应使用红色或黑色，负载连接电缆应使用蓝色，接地电缆应采用黄绿（相间）色。交流电缆线 A 相、B 相、C 相及零线 N 分别与红、绿、黄及浅蓝色相对应。当电缆线均采用同一颜色时应选用黑色，但必须做好线缆标识，避免相互混淆。

4. 交流线缆接入

交流配电部分的连线包括交流输入线、交流输出线的连线。

系统交流输入线采用三相五线制输入，输入线的相线引入端为机架背面的交流输入接线排的端子 U1、V1、W1，零线引入端为 N 端子，地线引入端为 PE 端子。引入线的线径应根据实际负载和蓄电池的情况进行选择，一般可以采用截面积 16～35mm² 的铜芯软电缆，输入线与机架的连接端上锡后插入输入接线排的相应端子拧紧，地线若无接线端则接到机架下方的接地螺栓上，连接时要在线头压接或焊接上大小合适的铜接线端子。

交流备用输出的相线接在备用输出的空气开关上，零线接在零线铜排上，其中相线的端头需上锡，零线端头要压接或焊接上大小合适的铜接线端子。

交流部分电气连线应特别注意两点：① 操作过程一定要确保交流输入断

电，相关开关要加挂"禁止操作"标牌，或派专人值守；② 交流线路端子、接点及其他不必要的裸露之处，要采取充分的绝缘措施。

5. 蓄电池组接入

蓄电池连线和连接处的铜鼻较负载连线需要加大。具体的连接步骤如下。

（1）按所配蓄电池的容量和最大充电电流，选择粗细（截面）合适的导线，做好接线端子和正负极标识。

（2）取下蓄电池熔丝，布置好电池连接线。

（3）将开关电源系统的正汇流排和蓄电池熔丝上的直流 −48V 对应接至蓄电池的正、负极，注意一定不要接反。

（4）在整个系统上电后，开启 1～2 个整流器，待输出工作正常后，用熔丝起拔器将电池熔丝插上。

6. 直流负载线缆接入

直流输出根据负载电流的大小，选用相应截面积的导线或汇流排。连接处熔丝和汇流排采用相应大小的接线铜鼻子进行连接，与空气开关的连接线头要上锡。直流输出的负极接到对应的负载输入支路上，正极接到机架后上方的正汇流排（工作地）上。直流负载线的安装流程如下。

（1）选好负载线的连接端子，连接到熔断器的电缆连接采用接线端子，连接到断路器的电缆头应上锡，每一路负载线都应做好相应的标记。

（2）断开对应的负载熔断器或断路器。

（3）连接负载工作地线与电源工作地母排。

（4）连接负载线与熔断器座或断路器输出端。

（5）视负载端情况决定是否合上熔断器或断路器。

7. 接地线连接

保护地和工作地最好单独引出，分别接于接地体的不同点上，也可以各自引出集中接于接地汇流排上。接地线尺寸应符合通信设备接地标准。

（1）工作地连接：工作地一端接至工作地母排（正汇流排），另一端用接线端子接用户地线排或机柜内接地螺栓。

（2）保护地连接：用 16mm^2 以上导线将机壳接地点和接地螺栓连接。保护地和防雷地在设备出厂前已经连接到一起。

2.2　一体化通信电源系统

变电站采用一体化电源供电后，无须配置通信用的独立高频开关电源、−48V 通信专用蓄电池组，仅使用 DC/DC 变换装置将变电站 110V/220V 直流系统电压转换为−48V 电压供通信负载使用，与变电站直流系统共享蓄电池组，因此降低了建设和运维成本。因此，目前在 220kV 及以下变电站，已大力推广和使用变电站一体化电源设备为通信设备供电。

一体化电源所有变换模块并联输出。系统通过直流输出控制直流负载的供电。采用变电站一体化电源时，通信供电系统组成图如图 2.3 所示。

图 2.3　变电站一体化电源通信供电系统组成图

2.2.1　系统组成及组件原理

DC/DC 变换器主要由输入整流滤波电路、缓启动电路、PFC 有源功率因数校正电路、PWM 高频开关 DC/DC 变换电路、输出整流滤波电路等部分组成。图 2.4 是 DC/DC 变换器模块基本原理框图。

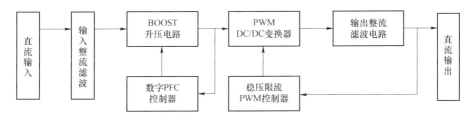

图 2.4　DC/DC 变换器模块基本原理框图

DC/DC 变换器模块通常采用 BOOST 升压电路（可实现宽范围输入电压）、高频软开关 PWM 控制变换技术，具有直流输入过压、直流输入欠压、直流输出过压、直流输出限流与短路保护、散热器过温等保护功能。

2.2.2 功能要求及指标要求

一体化电源 DC/DC 变换器的主要技术指标要求如表 2.2 所示。

表 2.2　　　　　　　　DC/DC 变换器主要技术指标要求

技术指标	要求	备注
直流供电（V）	220	
开机浪涌电流（A）	≤16.8	
启动电压（V）	≤180	
直流输入电压范围（额定负载，V）	190～260	
DC 欠压保护值（V）	＜（170±10）（黄灯），关机＜（260±10）	
DC 过压保护值（V）	关机 [（红灯）＞（280±10）]；恢复开机＜（260±10）	
直流输出标称电压（V）	48	
直流输出电压范围（V）	43.0～57.7	
直流额定输出电流（A）	30A/50	直流输入电压工作范围为190～260
直流最大输出电流（A）	31.5～33/48～53.6	直流输入电压工作范围为190～260
效率	≥91.3%	直流输入 220V，输出 48V，满载
质量（kg）	3	
宽×深×高（mm）	73×287×126	

其他通用技术指标要求如下。

（1）稳压精度：不超过直流输出电压整定值的±0.6%。

（2）电压调整率：不超过直流输出电压整定值的±0.1%。

（3）电流调整率：不超过直流输出电压整定值的±0.5%。

（4）均流误差：当整流器的输出电流在 50%～100%额定电流范围内时，其均分负载电流不平衡度不大于±3%额定电流值。

（5）可闻噪声：55dB。

（6）杂音电压：电话衡重杂音电压在频率 300～3400Hz 时为 2.0mV；峰－峰值杂音电压在频率 0～20Hz 时小于 200mV；宽频杂音电压在频率 3.4～150kHz

时为 50mV。

（7）绝缘电阻：在正常大气压条件下，相对湿度为 90%，试验电压为直流 500V 时，变换模块主回路部分和直流部分对地绝缘电阻均不低于 5MΩ。

（8）抗电强度：① 在不接入防雷器、变换模块、控制器和信号灯时，直流电路应能承受峰值为 3535V 直流电压 1min 且无击穿或飞弧现象，漏电流小于 30mA；② 直流输出对机壳应能承受其峰值的 1414V 直流电压 1min 且无击穿或飞弧现象，漏电流小于 30mA。

（9）其他保护工程。

1）短路保护功能：站点变换模块直流输出电流大于 110%额定输出电流时，实施短路保护，降低输出电压，限流输出；故障消除，自动恢复正常工作。

2）散热器过温保护：当散热器温度超出（110±10）℃范围时，变换模块实施过温关机保护；故障消除，自动恢复正常工作。

2.2.3 典型配置

1. 典型结构

通信专用 DC/DC 变换装置在一体化电源系统可单独组柜，也可与直流电源或交流不间断电源共同组柜，柜内安装 DC/DC 变换模块、DC/DC 变换监控单元、−48V 母线、馈线、直流断路器和防雷器。

一体化电源系统双重化配置时，DC/DC 变换装置采用图 2.5 所示接线方式，两套通信专用 DC/DC 变换装置由不同直流母线供电。

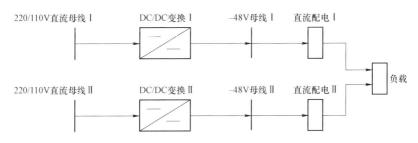

图 2.5 一体化电源系统双重化配置时 DC/DC 变换装置接线示意图

变电站直流系统只有单段母线时，宜采用图 2.6 所示的接线方式，两套通信专用 DC/DC 变换系统直流配电部分相互独立。

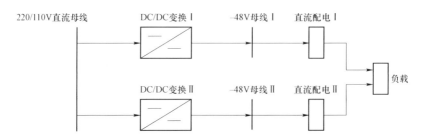

图 2.6 直流系统单段母线变电站通信专用 DC/DC 变换系统接线方式示意图

2. DC/DC 变换监控单元

DC/DC 变换监控单元具备本地数据监测、状态和告警信息上传功能，其构造如图 2.7 所示。

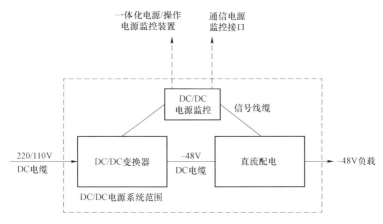

图 2.7 DC/DC 变换监控单元构造图

3. 变电站典型配置

（1）220kV 变电站通信电源由站内一体化电源系统实现，双套配置。通信负载电流增至 350A，直流系统蓄电池容量为 700～800Ah/组。

（2）110（66）kV 变电站通信电源由站内一体化电源系统实现，单套配置。通信负载电流增至 130A，直流系统蓄电池容量为 400～500Ah/组。

（3）35kV 变电站通信电源由站内采用一体化电源系统实现，单套配置。通信负载电流增至 100A，直流系统蓄电池容量为 100～150Ah/组。

2.2.4　安装步骤及要求

一体化电源安装步骤可以分为安装前检查、屏柜组立、线缆敷设、直流输入线缆接入、直流负载线缆接入和接地线接入六部分。

1. 安装前检查

（1）机房勘察。设备安装前应对机房进行施工前勘察，主要按如下步骤进行。

1）设备安装位置检查：查看机房中是否有空余屏位，查看待安装位置附近的走线架、走线孔和地板。

2）设备搬运路线检查：根据机房位置和待安装机柜位置确定设备的进场搬运路线。

3）设备供电检查：查看设备接入上级电源的位置，电源是否有空余空开，电源空开是否满足级差要求，查看设备供电的电缆布放路径。

（2）工器具与施工材料检查。

1）根据现场条件选择施工工器具，工器具应满足绝缘要求。

2）根据设备规格准备直流供电电缆和直流负载连接电缆。

3）根据现场条件准备负载，如膨胀螺栓、线缆挂牌和扎带等。

（3）设备开箱检查。

1）联系厂家确定到货物资的规格、型号。

2）联系厂家确定安装辅材的规格与数量。

2. 屏柜组立

（1）确定机架安装的地面位置。根据设备布放空间位置要求的规定，结合电源系统合理的进出线位置、需安装设备的外形尺寸、设备操作维护的方便、机房大小、具体环境条件等因素确定机架的地面安装位置。

（2）确定机架的安装方式。确定是否需要安装支架：当机房没有防静电地板时，一般采用在地面直接安装螺栓固定机架的方式进行安装。机房铺设有防静电地板时，应在机架的下方安装支架。支架的制作需要根据地板和地面的高度、机架外形尺寸和底座固定孔的位置、支架承重能力等因素定制。

（3）确定安装孔位、安装膨胀螺栓。在确定机架的安放地面位置后，按机架放置方位和机架固定孔位置确定安装孔位置，并标示出安装孔的中心点。如果是支架安装方式，则孔位根据支架与地面固定面的安装孔位尺寸来确定。

安装孔位确定以后，用冲击钻开挖安装孔。冲孔时要防止电钻振动导致偏心，另外，孔位应尽量保持与地面垂直。安装膨胀螺栓时应将螺杆加上垫片和螺帽，插入孔中用扳手顺时针旋转螺帽，使膨胀螺栓在孔中固定，然后取下螺帽和垫片。

（4）机架就位。膨胀螺栓固定好后，露出地面部分应为 30mm 左右，机架不能水平就位，通常由多人把机架抬离地面，对准孔位后落地，有条件的地方可以使用滑轮吊架，利用机架上方的吊装环吊装到位。

支架安装方式与上述方法类似，将支架在膨胀螺栓上固定好，再把机架抬到或吊装到支架上即可。

（5）机架固定。机柜就位后要做适当的水平与垂直调整，一般使用铁片塞在机柜着地点较低的边上或角上，使机架的垂直倾角小于 5°，最后在膨胀螺栓上加装垫片、弹垫和螺母固定机架。

机柜在支架上安装时，用长度适宜的螺栓将支架和机架固定在一起，同样需要调整机架的垂直倾角。从不同的角度摇动机架，以感觉不到明显的松动和摇晃为合格。

（6）整机组装。指将分开包装的监控模块和 DC/DC 模块装配到机架上。

1）监控模块安装固定：将监控模块插入机柜监控模块的安装位置，拧紧固定螺钉（一般情况下监控模块随机架一同运输，通常已经到位并完成电气连接）。

2）DC/DC 模块的安装固定：拆开 DC/DC 模块包装箱，将 DC/DC 模块取出，仔细检查有无破损。安装时要一手握紧把手，一手托起 DC/DC 模块，缓慢推入槽位，使 DC/DC 模块上的多用插头与机架上的相应插座正确可靠地连接，再拧紧面板的固定螺钉。

3. 线缆敷设

电源线的敷设方式主要有架空、沿墙或沿支架明敷、穿管、PVC 线槽、走线架、槽道（桥架）、直埋、地沟等。不同的敷设方式需要选择不同类型的电力线缆。

（1）按电源的额定容量选择一定规格、型号的导线，根据布线路由、导线的长度和根数进行敷设。

（2）沿地槽、走线架敷设的电源线要卡紧绑牢，布放间隔要均匀、平直、整齐，不得有急拐弯或凹凸不平现象。

（3）沿地槽敷设的橡皮绝缘导线（或铅包电缆）不应直接与地面接触、槽盖应平整、密缝并油漆，以防潮湿、霉烂或其他杂物落入。

（4）电源线布放好后，两端均应腾空，在相对湿度不大于 75% 时，以 500V 绝缘电阻表测量其绝缘电阻是否符合要求（$2M\Omega$ 以上）。

（5）根据负载支路与极性的不同，电池线与负载线每根电缆应备有线号和正负极标记，标记隔一定距离粘贴在电缆上。直流配电电缆的正极连接电缆应使用红色或黑色，负载连接电缆应使用蓝色，接地电缆应采用黄绿（相间）色。当电缆线均采用同一颜色时，应选用黑色，但必须做好线缆标识，避免相互混淆。

4. 直流输入线缆接入

直流输入线缆一般可以采用截面积 $50\sim70mm^2$ 的铜芯软电缆，输入线与机架的连接端上锡后插入输入接线排的相应端子并拧紧，地线若无接线端则接到机架下方的接地螺栓上，连接时要在线头压接或焊接上大小合适的铜接线端子。

直流输入部分电气连线应特别注意两点：① 操作过程一定要确保交流输入断电，相关开关要要加挂"禁止操作"标牌，或派专人值守；② 交流线路端子、接点及其他不必要的裸露之处，要采取充分的绝缘措施。

5. 直流负载线缆接入

直流输出根据负载电流的大小，选用相应截面积的导线或汇流排。连接处熔丝和汇流排采用相应大小的接线铜鼻子进行连接，与空开的连接线头要上锡。直流输出的负极接到对应的负载输入支路上，正极接到机架后上方的正汇流排（工作地）上。直流负载线的安装流程如下。

（1）选好负载线的连接端子，连接到熔断器的电缆连接采用接线端子，连接到断路器的电缆头应上锡，每一路负载线都应做好相应的标记。

（2）断开对应的负载熔断器或断路器。

（3）连接负载工作地线与电源工作地母排。

（4）连接负载线与熔断器座或断路器输出端。

（5）视负载端情况决定是否合上熔断器或断路器。

6. 接地线连接

保护地和工作地最好单独引出，分别接于接地体的不同点上，也可以各自引出集中接于接地汇流排上。接地线尺寸应符合通信设备接地标准。

（1）工作地连接：工作地一端接至工作地母排（正汇流排），另一端用接线端子接用户地线排或机柜内接地螺栓。

（2）保护地连接：用 16mm² 以上导线将机壳接地点和接地螺栓连接。保护地和防雷地在设备出厂前已经连接到一起。

2.3　嵌入式通信电源系统

嵌入式通信电源系统通常采用单机架直流电源形式。单机架直流供电系统的特点是功能齐全，与多机架大容量直流电源相比，其主要功能并没有多大的差异。由于其交、直流配电及整流器模块均在一个电源机架上组合而成，因而占地面积小、摆放灵活，交流输入线可以采取上进线或下进线方式。整流器模块的并联可带电热插拔，为电源系统的增容及减容使用带来很大的方便。

由于这种电源由单机架组合而成，其输出电流受到一定的限制，一般设计在 1000A 以下。这种单机架组合的通信电源系统在通信电源行业中习惯称为组合电源或开关电源系统，它多用于小型的通信站或 110kV 以下变电站。

2.3.1　系统组成及组件原理

1. 系统组成

单机架直流电源通常由交流配电部分、直流配电部分、若干个整流器模块、直流输出部分和集中监控单元（监控模块）按照一定的要求在单个电源机架上配置而成，各部分功能介绍如下。

（1）交流配电部分。

1）交流配电部分将来自市电的三相四线交流电或单相交流电作为输入，为整流器模块和交流负载供电。

2）这种单机架电源的整流器模块一般为单相 220V 输入，考虑到三相交流电的平衡，应尽可能将机架内所有整流器模块平均地分配到每一相上。交流支路输出为机房内其他交流用电设备提供电源，如空调、UPS、计算机等。交流支路输出的路数和每路的电流容量可以根据用户实际需要而定。

3）交流配电部分的另一个重要功能是将两路输入的交流电实现通断互锁，即其中一路交流电源发生故障时可手动或自动切换到另一路交流电源上，但任何时间都不允许出现两路交流电源同时接通或断开的现象。两路交流电互锁一般采用机械或电气互锁的方式。

4）如果电源设备安装在雷电多发地区，则通常还应在交流市电输入端安装具有一定通流量的防雷击过电压保护装置（防雷组件）。

（2）整流器模块。整流器模块是直流电源系统的重要组成部分，电源系统供电质量主要取决于整流器模块的电气指标。整流器模块完成 AC/DC 变换并且以并联均流方式为通信设备供电，同时对蓄电池组进行限流恒压充电，为集中监控单元供电。

（3）直流配电部分。

1）直流配电部分的功能与交流配电部分的功能相似。直流配电部分通常将整流器并联输出的 −48V 直流电分配为三路：第一路为通信设备供电；第二路为蓄电池组充电，当输入交流电源出现故障时整流器模块停机，这时与整流器模块并联的蓄电池组通过直流配电柜内的欠电压保护继电器和熔断器继续为通信设备供电；第三路是为机房内其他直流设备供电。

2）直流支路输出的路数及各路的电流容量视具体情况而定。直流配电部分还设有应急电源，当交流停电需要应急照明时，可以启动直流应急电源进行照明，能方便地进行故障处理。应急电源启动电路多用直流接触器控制，应急电源输出的最大容量一般设计为 100A。

（4）监控模块。直流电源系统的监控模块对于独立的通信电源系统来说，相当于智能控制中心，但对于通信局（站）的集中监控区域乃至更大的本地网监控中心来讲，监控模块则是一个最基本的监控单元。监控模块应具备以下几方面的功能。

1）监测功能。监控模块的监测对象包含交流配电、整流器模块和直流配电部分。

① 交流配电所监测的内容包括交流输入线（相）电压、电流。

② 整流器模块的监测内容包括模块并联输出电压值及每个模块的输出电流值。

③ 直流配电部分的监测内容包括系统直流输出电压、负载电流、蓄电池充放电电流及放电时电压的实时测量值，以及各支路输出电流及总电流。

2）控制及告警功能。

① 控制功能主要包括：电源系统的开机、关机；各个整流器模块的开机、关机；直流输出电压、交流输入电压范围及直流输出电流极限值的设定；一系列完整的蓄电池管理功能，如蓄电池浮充、均衡充电电压和充电电流极限值的设定，浮充、均充时间的设定及两种充电状态的相互转换，环境温度的测量，充电时环境温度系数的补偿，电池放电时的容量记录和电池欠电压保护点的设定等。

② 电源系统在运行期间如有某些参数达到或超过告警的设定值，监控模块将采集到的模拟量或开关量信号经过处理后发出声光告警信号，在监控模块的显示屏上显示出故障部位和故障原因。更完善的告警系统还可以将最近一次或几次的故障时间及故障原因储存记录，为查询故障和分析故障提供历史依据。

3）与上位机数据通信功能。此功能是实现通信局（站）内多套电源系统集中监控及区域监控，或更大的监控中心对更多的通信局（站）电源系统实现集中监控的必备功能。

2. 组件原理

典型单嵌入式通信电源系统原理框图如图 2.8 所示。该系统由两路交流电源供电或一路交流＋一路直流供电。经过主、备切换后，主供电回路供给整流器模块输入分配装置，经分配装置输出给各个整流器模块供电；备供电回路热备用。交流配电单元输入按要求装有防雷过压保护器。经 AC/DC 模块或 DC/DC 模块变换后其直流输出汇接到直流母排，分到直流输出支路，供直流负载使用。

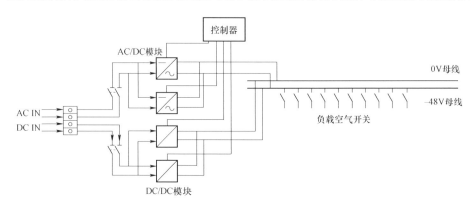

图 2.8　单机架直流电源系统原理框图

　　整流器模块的工作方式一般分为内控式和外控式两种。内控式整流器模块内部设有独立的监控单元，可以对整流器模块的参数进行检测、设定和显示。这种整流器模块与系统的监控模块一般通过 RS－485 总线连接。外控式整流器模块内部不设独立的监控单元，其输出电压、输出电流极限受系统监控模块的控制。如果监控模块发生故障，则整流器模块转为自主工作状态，其输出电压、限流点服从初始设定值，保证系统不间断供电。这种外控式整流器模块向系统监控模块传输的信号可以是模拟量和开关量，在监控模块内完成 A/D 转换。

　　监控模块：可以用本机键盘操作对电源系统运行的参数进行检测、设定和显示，也可以通过 RS－232 通信接口与上位机连接实现局（站）内电源系统的集中监控，还可以通过调制解调器与远程上位机相连实现远程监控功能。

2.3.2　功能要求及指标要求

1. 环境条件

（1）温度范围。

1）工作温度范围：－10～40℃。

2）储运温度范围：－40～70℃。

（2）相对湿度范围。

1）工作相对湿度范围：≤90%（40℃±2℃）。

2）储运相对湿度范围：≤95%（40℃±2℃）。

（3）大气压力范围：70～106kPa。

（4）振动。系统应能承受频率为 10～55Hz、振幅为 0.35mm 的正弦波振动。

2. 交流配电部分

（1）交流输入电压变动范围。220V 单相三线制的允许变动范围为 187～242V。当供电条件恶劣时，用户提出要求，交流输入电压变动范围应不窄于输入额定电压的±20%；交流输入电压超出上述范围但不超过额定值的±25%时，系统可降额使用。

（2）输入频率变动范围：50Hz±2.5Hz。

（3）输入电压波形畸变率：应不大于 5%。

（4）输入功率因数。当输入额定电压、输出满载时，系统的输入功率因数应满足表 2.3 的要求。

表2.3　　　　　　　　　　输　入　功　率　因　数

负载率	1 级	2 级	3 级
100%额定负载	≥0.99	≥0.96	≥0.9
50%额定负载	≥0.98	≥0.95	≥0.90
30%额定负载	≥0.97	≥0.90	≥0.85

（5）输入电流谐波成分。当输入额定电压、输出满载时，系统的输入电流谐波成分应满足表 2.4 的要求。

表2.4　　　　　　　输入电流谐波成分（3～39 次 THDI）

负载率	1 级	2 级	3 级
100%额定负载	≤5%	≤10%	<28%
50%额定负载	≤8%	≤15%	≤30%
30%额定负载	≤15%	≤20%	≤35%

3. 整流模块

系统的整流模块应符合 YD/T 731—2018《通信用 48V 整流器》的要求。

4. 直流配电部分

（1）直流输出电压可调节范围。

1）系统在稳压工作的基础上，应能与蓄电池并联以浮充工作方式和均充工作方式向通信设备供电。

2）系统输出电压可调节范围：－57.6～－43.2V 或 21.6～28.8V。

3）系统的直流输出电压值在其可调范围内应能手动或自动连续可调。

（2）系统稳压精度：应优于±1%。

（3）系统电话衡重杂音电压：应不大于 2mV。

（4）系统峰–峰值杂音电压：系统直流输出端在 0～20MHz 频带内的峰–峰值杂音电压应不大于 200mV。

（5）直流配电部分电压降：在环境温度为 20℃条件下，直流配电部分蓄电池端子与负载端子之间放电回路满载时的电压降不超过 500mV。

（6）并联工作性能。系统中整流模块应能并联工作，并且能按比例均分负载：负载为 50%～100%额定输出电流时，整流模块输出功率应为不小于 1500W 的系统，其负载不平衡度应优于±5%，其他系统的负载不平衡度应优于±10%。

负载为 50%～100% 额定输出电流时，监控单元出现异常，各整流模块应仍能输出设定电压，且输出电流的不平衡度应优于 ±10%。当某个整流模块出现异常时，应不影响系统的正常工作，应能显示其故障并告警，必要时该整流模块应能退出系统。

5. 监控性能

（1）系统应具有下列主要功能。

1）实时监视系统工作状态。

2）采集和存储系统运行参数。

3）设置参数的掉电存储功能。

4）按照局（站）监控中心的命令对被控设备进行控制。

5）系统应具备 RS-232 或 RS-485/422、IP、USB 等标准通信接口，并提供与通信接口配套使用的通信线缆和各种告警信号输出端子，符合 YD/T 1363.1 的要求。

6）通信协议应符合 YD/T 1363.3 的要求。

（2）交流配电部分。

1）遥测：输入电压，输入电流（可选），输入频率（可选）。

2）遥信：输入过电压/欠电压，缺相，输入过流（可选），频率过高/过低（可选），断路器/开关状态（可选）。

（3）整流模块。

1）遥测：整流模块输出电压，每个整流模块输出电流。

2）遥信：每个整流模块工作状态（开机/关机/休眠，限流/不限流），故障/正常。

3）遥控：开/关机，均/浮充/测试，休眠节能工作模式/普通工作模式。

（4）直流配电部分。

1）遥测：输出电压，总负载电流，主要支路电流（可选）。

2）遥信：输出电压过电压/欠电压。

6. 其他性能要求

（1）系统外观。系统应面板平整、镀层牢固、漆面匀称，所有标记、标牌清晰可辨，无剥落、锈蚀、裂痕、明显变形等不良现象。

（2）系统效率：应满足表 2.5 的要求。

表2.5 系 统 效 率

单个整流模块输出功率（W）		≥1500			<1500		
		1级	2级	3级	1级	2级	3级
效率	50%～100%额定负载	≥94%	≥90%	≥88%	≥90%	≥87%	≥85%
	30%额定负载	≥90%	≥86%	≥82%	≥86%	≥82%	≥78%

（3）保护功能。

1）交流输入过、欠电压保护。系统应能监视输入电压的变化，当交流输入电压值过高或过低可能会影响系统安全工作时，系统可以自动关机保护；当输入电压正常后，系统应能自动恢复工作。

过电压保护时的电压应不低于交流输入电压变动范围上限值的105%，欠电压保护时的电压应不高于交流输入电压变动范围下限值的95%。

2）直流输出过、欠电压保护。系统直流输出电压过、欠电压值可由制造厂商根据用户要求设定，当系统的直流输出电压值达到其设定值时，应能自动告警。过电压时，系统应能自动关机保护；故障排除后，分立式系统必须手动才能恢复工作，其他系统可自动或手动恢复。欠电压时，系统应能自动保护；故障排除后，系统应配自动或手动恢复。

3）熔断器（或断路器）保护。系统的交流输入支路应具有断路器保护装置；直流输出支路应具有熔断器（或断路器）保护装置。

4）温度过高保护。当系统所处的环境温度超过系统保护点时，系统应自动降额输出或停机；当环境温度下降到保护点后，系统应能自动恢复正常输出。

（4）告警性能。电源系统在各种保护功能动作的同时，应能自动发出相应的可闻（可选）、可见告警信号，如警铃（或蜂鸣器）响、灯亮（灯闪烁）等。同时，应能通过通信接口将告警信号传送到近端、远端监控设备上，部分告警可通过干接点将告警信号送至机外告警设备，所送的告警信号应能区分故障的类别。

系统应具有告警记录和查询功能，告警记录可以随时刷新；告警信息应能在系统断电后继续保存，且不依赖于系统内部或外部的储能装置。

（5）防雷性能。除嵌入式系统外，其他系统交流输入端应装有浪涌保护装置，至少能承受电流脉冲（8/20μs、20kA）的冲击。

（6）接地性能。系统应具有工作地和保护地，且应有明显的标志。接地点应用铜质导体，除嵌入式系统外，紧固螺栓的直径应不小于 M8。嵌入式系统的接地线截面积不宜小于 4mm²，其他系统的接地线截面积应不小于 10mm²。配电部分外壳、所有可触及的金属零部件与接地螺母间的电阻应不大于 0.1Ω。

（7）安全要求。

1）绝缘电阻。在环境温度为 15～35℃、相对湿度不大于 90%、试验电压为直流 500V 时，交流电路和直流电路对地、交流电路对直流电路的绝缘电阻均不低于 2MΩ。

2）抗电强度。

① 交流输入对地应能承受频率为 50Hz、有效值为 1500V 的正弦交流电压或等效峰值为 2121V 的直流电压 1min，且无击穿或飞弧现象。

② 交流输入对直流输出应能承受 50Hz、有效值为 3000V 的正弦交流电压或等效峰值为 4242V 的直流电压 1min 且无击穿或飞弧现象。

③ 直流输出对地应能承受频率为 50Hz、有效值为 500V 的正弦交流电压或等效峰值为 707V 直流电压 1min 且无击穿或飞弧现象。

3）系统接触电流。系统接触电流应不大于 3.5mA。当接触电流大于 3.5mA 时，接触电流不应超过每相输入电流的 5%，如负载不平衡，则应采用三个相电流的最大值来进行计算。在大接触电流通路上，内部保护接地导线的截面积不应小于 1.0mm²。在靠近设备一次电源连接端处，应设置标有警告语或类似词语的标牌，即"大接触电流，在接通电源前必须先接地"。

4）材料阻燃性能。系统所用 PCB 的阻燃等级应达到 GB 4943.1—2022《音视频、信息技术和通信技术设备　第 1 部分：安全要求》中规定的 V - 0 要求，绝缘电线的阻燃等级应达到 GB/T 18380.12—2022《电缆和光缆在火焰条件下的燃烧试验　第 12 部分：单根绝缘电线电缆火焰垂直蔓延试验 1kW 预混合型火焰试验方法》中规定的要求，其他绝缘材料的阻燃等级应达到 GB 4943.1—2022 中规定的 V - 1 要求。

2.3.3　典型配置

（1）110kV 及 35kV 变电站配置单套嵌入式电源，根据 110kV 及 35kV 变电站通信设备典型配置，即配置 1 套传输设备、综合数据网设备、PCM 设备等，应配置不小于 60A 的整流容量，采用一路交流输入 + 一路直流输入的模式进行设备配置。

（2）小型独立通信站配置单套嵌入式电源，按配置 1 套传输设备、综合数据网设备、PCM 设备计算负载，应配置不小于 60A 的整流容量，根据站点机房交流电源情况配置一路交流输入或两路交流输入的嵌入式电源。

2.2.4　安装步骤及要求

1. 安装前检查

（1）机房勘察。设备安装前应对机房进行施工前勘察，主要按如下步骤进行。

1）设备安装位置检查：查看机房中通信屏柜是否有剩余空间安装设备（一般为 4U～10U），查看待安装位置附近的走线架、走线孔和地板。

2）设备供电检查：查看设备接入上级电源的位置，电源是否有空余空开，电源空开是否满足级差要求，查看设备供电的电缆布放路径。

（2）工器具与施工材料检查。

1）根据现场条件选择施工工器具，工器具应满足绝缘要求。

2）根据设备规格准备交流供电电缆、直流供电电缆和直流负载连接电缆。

3）根据现场条件准备负载，如机架固定螺栓、线缆挂牌和扎带等。

（3）设备开箱检查。

1）联系厂家确定到货物资的规格、型号。

2）联系厂家确定安装辅材的规格与数量。

2. 设备安装

（1）设备固定：使用机架固定螺丝将设备固定在机柜内部，设备应稳固牢靠。

（2）整机组装：指将分开包装的 AC/DC 模块或 DC/DC 模块装配到机架上。模块安装固定时，先拆开模块包装箱，将模块取出，仔细检查有无破损。安装时要一手握紧把手，一手托起模块，缓慢推入槽位，使模块上的多用插头与机架上的相应插座正确可靠地连接，再拧紧面板的固定螺钉。

3. 线缆敷设

电源线的敷设方式主要有架空、沿墙或沿支架明敷、穿管、PVC 线槽、走线架、槽道（桥架）、直埋、地沟等。不同的敷设方式需要选择不同类型的电力线缆。

（1）按电源的额定容量选择一定规格、型号的导线，根据布线路由、导线的长度和根数进行敷设。

（2）沿地槽、走线架敷设的电源线要卡紧绑牢，布放间隔要均匀、平直、整齐，不得有急拐弯或凹凸不平现象。

（3）沿地槽敷设的橡皮绝缘导线（或铅包电缆）不应直接与地面接触、槽盖应平整、密缝并油漆，以防潮湿、霉烂或其他杂物落入。

（4）电源线布放好后，两端均应腾空，在相对湿度不大于 75% 时，以 500V 绝缘电阻表测量其绝缘电阻是否符合要求（2MΩ 以上）。

（5）根据负载支路与极性的不同，电池线与负载线每根电缆应备有线号和正负极标记，标记隔一定距离粘贴在电缆上。直流配电电缆的正极连接电缆应使用红色或黑色，负载连接电缆应使用蓝色，接地电缆应采用黄绿（相间）色。当电缆线均采用同一颜色时应选用黑色，但必须做好线缆标识，避免相互混淆。

4. 交、直流输入线缆接入

交、直流输入线缆一般可以采用截面积 $16mm^2$ 的铜芯软电缆，输入线与设备的连接端上锡后插入输入接线排的相应端子拧紧，地线若无接线端则接到机架下方的接地螺栓上，连接时要在线头压接或焊接上大小合适的铜接线端子。

直流输入部分电气连线应特别注意两点：① 操作过程一定要确保交流输入断电，相关开关要加挂"禁止操作"标牌，或派专人值守；② 交流线路端子、接点及其他不必要的裸露之处，要采取充分的绝缘措施。

5. 直流负载线缆接入

直流输出根据设备负载电流的大小，正、负极线缆分别接入对应空开的正、负极端子，直流负载线缆应使用扎带统一固定在机柜走线槽内。

6. 接地线连接

保护地和工作地最好单独引出，分别接于接地体的不同点上，也可以各自引出集中接于接地汇流排上。接地线尺寸应符合通信设备接地标准。

（1）工作地连接：工作地一端接至工作地母排或专用端子，另一端用接线端子接用户地线排或机柜内接地螺栓。

（2）保护地连接：用 $16mm^2$ 以上导线将机壳接地点和接地螺栓连接。保护地和防雷地在设备出厂前已经连接到一起。

2.4 通信蓄电池组

2.4.1 系统组成及组件原理

1. 系统组成

通信蓄电池组一般使用由24节2V铅酸蓄电池或4节12V铅酸蓄电池组成，根据变电站负载大小和上级单位要求的后备支撑时间配置蓄电池组容量。

目前上级单位要求变电站通信蓄电池组需在交流电源中断的情况下 4h 内能够支撑通信负载使用，针对部分偏远站点，要求通信蓄电池组支撑 8h。

2. 组件原理

阀控式铅酸蓄电池的化学反应原理是：充电时将电能转化为化学能在电池内储存起来，放电时将化学能转化为电能供给负载。

阀控式铅酸蓄电池正极板上的活性物质是二氧化铅，负极板上的活性物质为纯铅，电解液由蒸馏水和纯硫酸按一定的比例配制成稀硫酸溶液，电解液可以形成正的氢离子及负的硫酸根离子。因为正、负极板上的活性物质的性质是不同的，当两种极板放置在同一硫酸溶液中时，各自发生不同的化学反应而产生不同的电极电位。铅酸蓄电池放电时，两极活性物质与硫酸溶液发生作用，都变成硫酸铅；而充电时，两个极板上的硫酸铅又分别恢复为原来的物质铅和二氧化铅，而且这种转化过程是可逆的。这个放电与充电过程循环进行，可以重复多次，直到铅酸蓄电池寿命终结。

充电过程后期，极板上的活性物质大部分已经还原，如果继续大电流充电，充电电流只能起分解水的作用。这时，负极板上将有大量的氢气逸出，正极板上将有大量氧气逸出，蓄电池剧烈地冒气，不仅要消耗大量电能，而且由于冒气过甚，极板活性物质受冲击而脱落，所以应避免充电后期电流过大。

2.4.2 运行要求及指标要求

1. 运行要求

（1）通信蓄电池组应满足通信设备的适配要求。

（2）通信站蓄电池组供电后备时间不小于 4h，地处偏远的无人值班通信站应大于抢修人员携带必要工器具抵达通信站的时间且不小于 8h。蓄电池组容量配置以不中断设备供电为前提条件，充分考虑到通信站实际设备负载大小，考虑故障发现、处理及抢修路程时间长短，可适当根据需要调整蓄电池组供电后备时间。

（3）变电站内蓄电池容量在 300Ah 及以上时，应设置专用的蓄电池室；蓄电池容量在 300Ah 以下时，可采用柜式安装。变电站内有多组蓄电池时，每组蓄电池需安装在不同的蓄电池室或蓄电池柜内，或者在蓄电池组之间设置防火隔墙。蓄电池安装应符合 Q/GDW 10759—2018《电力系统通信站安装工艺规范》第 8.2.2 条规定。

（4）同一套通信电源所带的蓄电池组应采用相同型号的蓄电池，设有母联开关的两套通信电源所带的蓄电池组也应采用相同型号的蓄电池。

（5）不同品牌、不同型号、不同容量、不同时期的蓄电池组严禁并联接入同一套通信电源中使用。蓄电池组内更换单体电池时，须选取与同组内其他电池参数特性相近的电池。

（6）蓄电池之间宜使用带绝缘护套的连接条。蓄电池组支架采取阻燃耐腐蚀的措施。

（7）蓄电池室的遮阳、维护空间和防震应合格，符合行业标准。

（8）蓄电池组应配有动环监测系统等遥测、遥信手段，实时监测蓄电池总电流、蓄电池单体电压、蓄电池充放电参数统计等重要指标。

（9）蓄电池室应使用防爆型通风电动机、照明灯具、空调。开关、熔断器应安装在蓄电池室外。蓄电池室内应使用防爆式插座。在具备良好通风条件下，阀控式蓄电池室内的照明、通风设备可不考虑防爆。

（10）−48V 高频开关电源具备对阀控式铅酸蓄电池温度补偿的能力，温度补偿系数取为（3～5）mV/℃（基准温度为 25℃）。

2. 指标要求

铅酸蓄电池的电性能用电池电动势、开路电压、工作电压、终止电压、容量、放电率、电池内阻、循环寿命、储存性能等参数量度。

（1）主要性能参数。

1）电池电动势、开路电压、工作电压、终止电压参数如下。

① 电池电动势：指当蓄电池用导体在外部接通时，正极和负极的电化反应自发地进行，倘若电池中电能与化学能转换达到平衡时，正极的平衡电极电势与负极平衡电极电势的差值。

② 开路电压：指电池在开路状态下的端电压。

③ 工作电压：指电池有电流通过（闭路）的端电压。

④ 终止电压：电池以一定的放电率在 25℃环境温度下放电至能再反复充电使用的最低电压值。

电池电动势数值上等于电池达到稳定值时的开路电压，两者表示的意义不同：电池电动势可依据电池中的反应，利用热力学计算或通过测量计算，有明确的物理意义；开路电压只在数字上近于电池电动势，需要视电池的可逆程度而定。电池在接通负载后，由于欧姆电阻和极化过电位的存在，电池的工作电压值低于开路电压值。

2）容量、放电率。

① 电池容量：指电池储存电能的数量，以符号 C 表示，单位是安时（Ah）或毫安时（mAh）电池容量是电池储存电能量多少的标志，有理论容量、额定容量和实际容量之分。

② 理论容量：假设活性物质全部反应放出的电量。

③ 额定容量：电池在一定放电率条件下，应该放出最低限度的电量。

④ 实际容量：电池在特定的放电电流、电解液温度和放电终止电压等条件下，蓄电池实际放出的电量，它等于放电电流与放电时间的乘积，单位为安时（Ah）。

⑤ 放电率：表征电池放电电流大小，分为放电时间率和放电电流率。

放电时间率：指蓄电池在一定放电条件下，放电至终止电压的时间长短。依据 IEC（国际电工委员会）标准，放电时间率有 20、10、5、3、2、1、0.5h率等，分别表示为 20hr、10hr、5hr、3hr、2hr、1hr、0.5hr。

放电电流率：为了比较标称容量不同的蓄电池放电电流大小而设立的，通常以 10hr 电流为标准，用 $0.1C$ 表示。

阀控铅酸蓄电池规定的工作条件一般为：环境温度 25℃，10hr 电流放电，放电终止电压为 -1.8V，在此条件下额定容量以 10hr 电流放电至终止电压所能达到的容量。

蓄电池在实际使用中，其容量电压会受到放电率、温度、终止电压等因素的影响。放电率越高，放电电流越大，放电时容量越小；反之容量越大。在一定环境温度范围内放电时，温度越高，放电时容量越大；反之越小。终止电压越低放电时容量越大，反之减小。

3）电池内阻：包括欧姆内阻和极化内阻，极化内阻又包括电化学极化内阻与浓差极化内阻。内阻的存在，使电池放电时的端电压低于电池电动势和开路电压，充电时端电压高于电池电动势和开路电压。电池的内阻不是常数，因为活性物质的组成，电解液浓度和温度都在不断地改变，故在充放电过程中，电池的内阻随时间不断变化。

4）循环寿命。蓄电池经历一次充电和放电，称为一次循环（一个周期）。在一定放电条件下，电池工作至某一容量规定值之前，电池所能承受的循环次数，称为循环寿命。

各种蓄电池的寿命循环次数都有差异，传统固定型铅酸蓄电池为 500～600 次，启动型铅酸蓄电池为 300～500 次，阀控式铅酸蓄电池为 1000～1200 次。

蓄电池的寿命可以用循环寿命来衡量，还可以用浮充寿命（年）来衡量，阀控铅酸蓄电池浮充寿命一般在 10 年以上。

影响循环寿命的因素有：① 厂家产品的性能；② 维护工作的质量。

5）储存性能。蓄电池在储存期间，由于电池内存在杂质，如正电性的金属离子，这些杂质可与负极活性物质组成微电池，发生负极金属溶解和氢气析出，导致正极和负极活性物质被逐渐消耗，从而造成电池丧失容量，这种现象称为自放电。

电池自放电率用单位时间内容量降低的百分数表示，即用电池储存前 $C_{10前}$ 容量和储存后 $C_{10后}$ 容量差值与储存时间 T（天、月）的容量百分数表示，即

$$X\% = \frac{C_{10前} - C_{10后}}{C_{10前}T} \times 100\% \qquad （2-1）$$

（2）阀控式铅酸蓄电池维护技术指标及其定义。

1）容量：额定容量是指蓄电池容量的基准值，容量指在规定放电条件下蓄电池所放出的电量，小时率容量指 N 小时率额定容量的数值。

2）最大放电电流：在电池外观无明显变形，导电部件不熔断条件下，电

池所能容忍的最大放电电流。

3）耐过充电能力：完全充电后的蓄电池能承受过充电的能力。

4）容量保存率：电池达到完全充电后静置数十天，由保存前后容量计算出的百分数。

5）密封反应性能：在规定的试验条件下，电池在完全充电状态，每安时放出气体的量。

6）安全阀动作：为了防止因蓄电池内压异常升高损坏电池槽而设定了开阀压，为了防止外部气体自安全阀侵入，影响电池循环寿命，而设立了闭阀压。

7）防爆性能：在规定的试验条件下，遇到蓄电池外部明火时，在电池内部不引爆、不引燃的性能。

8）防酸雾性能：在规定的试验条件下，蓄电池在充电过程中，内部产生的酸雾被抑制向外部泄放的性能。

9）YD/T 799—2010《通信用阀控式密封铅酸蓄电池》中规定的阀控铅酸蓄电池的相关技术参数如下。

① 放电率电流和容量：依据 GB/T 13337.2《固定型排气式铅酸蓄电池　第 2 部分：规格及尺寸》，在 25℃环境下，蓄电池额定容量符号标注为：－10hr 额定容量（Ah），数值为 1.00，10hr 放电电流小，数值为 0.1（A）。

② 终止电压：10hr 蓄电池放电单体终止电压为 1.8V。

③ 充电电压、充电电流、端压偏差：蓄电池在环境温度为 25℃条件下，浮充工作单体电压为 2.23～2.27V，均衡工作单体电压为 2.35V。各单体电池开路电压最高与最低差值不大于 20mV。蓄电池处于浮充状态时，各单体电池电压之差应不大于 90mV。最大充电电流不大于 2.5A。

2.4.3　典型配置

1. 500kV 变电站及中心站蓄电池组典型配置

500kV 变电站及中心站配置双套高频开关电源供电，应在独立蓄电池室配置 2 套独立运行的蓄电池组，宜配置 24 节 2V 蓄电池组，容量根据本站负载进行计算，满足最小 4h 的后备时间，偏远变电站应满足 8h 后备时间。

2. 220kV 变电站蓄电池组典型配置

（1）220kV 及以下变电站宜采用一体化电源系统供电，一体化电源 DC/DC 装置无需独立配置蓄电池组。

（2）220kV 变电站配置双套高频开关电源供电，应在独立蓄电池室配置 2 套独立运行的蓄电池组，根据 220kV 通信设备典型配置，即配置 2 套传输设备、综合数据网设备、PCM 设备等，宜配置 24 节 2V 300Ah 或 24 节 2V 200Ah 蓄电池组。

（3）110kV 及 35kV 变电站配置单套高频开关电源供电，应配置 1 套独立运行的蓄电池组，根据 110kV 及 35kV 变电站通信设备典型配置，即配置 1 套传输设备、综合数据网设备、PCM 设备等，宜配置 24 节 2V 200Ah 或 4 节 12V 200Ah 蓄电池组。

2.4.4　安装步骤及要求

蓄电池组安装步骤可以分为安装前检查、支架安装与固定、直流电缆接入三部分。

1. 安装前检查

（1）蓄电池室勘察。设备安装前应对蓄电池室进行施工前勘察，查看蓄电池组支架安装位置，查看待安装位置附近的走线架和走线孔。

（2）工器具与施工材料检查。

1）根据现场条件选择施工工器具，工器具应满足绝缘要求。

2）根据设备规格准备直流电缆和蓄电池监测信号线。

3）根据现场条件准备辅材，如膨胀螺栓、线缆挂牌和扎带等。

（3）设备开箱检查。

1）联系厂家确定到货物资的规格、型号。

2）联系厂家确定安装辅材的规格与数量。

2. 电池组安装与固定

（1）支架安装与固定。小容量电池一般安装在电池架上，当选用电池容量较大时，电池应分层安装。

（2）电池组安装与固定。安装过程中不要碰伤电池塑料外壳和输出端子。

多层安装电池时最好先分层连接，再做层间连接。充放电电缆在安装过程中暂时不要连接。

3. 直流电缆接入

蓄电池电缆一般采用截面积 70～120mm² 的铜芯软电缆，电缆应固定在蓄电池支架上并绑好标识牌，直流电缆连接处应配置塑料绝缘帽或绝缘盒。

第 3 章
通信交流电源系统

3.1 低压交流供电系统

低压交流供电系统由多个关键部分构成，包括低压市电交流供电系统、备用（柴油或汽油）发电机组交流系统、电力机房的交流供电系统，以及变配电设备的工作与保护接地系统。其中，市电作为主用交流电源，承担着主要的供电职责，而发电机组则作为通信供电的坚实后盾，确保在紧急情况下能够迅速切换并维持供电。

通信局（站）的市电供电类别及市电的引入电压等级（高压或低压），往往取决于其容量大小、重要程度及所处的地理位置。因此，在规划和建设通信局（站）时，需充分考虑这些因素，以确保供电系统的稳定性和可靠性。在通信局（站）的交流电源选择上，优先推荐使用市电作为主用电源，并要求其满足二类以上电的标准。这样不仅能够满足通信设备的日常用电需求，还能在市电出现异常时，迅速切换到备用电源，保证通信的连续性。

此外，低压交流供电系统的电源普遍采用中性点直接接地的方式，这种接地方式有助于确保系统的安全性和稳定性。系统中的电力设备及接地均采用 TN-S 三相五线制的配线形式，进一步提升了系统的可靠性和安全性。

3.1.1 系统组成

通信局（站）通信设备对供电的基本要求是可靠、优质和不间断。通信供电的交流种类一般包括交流市电供电（主用电源，必备）、备用油机发电机组供电（备）、不间断电源（UPS）设备供电、清洁能源等自然能发电四种。其中，交流市电及柴油发电机组作为所有通信局（站）交流用电负荷的必备电源。只有极特殊的通信（站），由于市电引入困难，且用电负荷小，位于适宜于风能、太阳能或其他自然能发电的地区，可以考虑用风力或太阳能发电作为主用交流电源。

交流不间断电源（UPS）设备主要用于对通信系统的计算机网络管理、集中监控系统重要交流通信负荷供电。在形式上，低压交流供电系统分为简易交流供电系统和装有成套低压配电设备的交流供电系统。简易交流供电系统由一台交流配电屏（箱）组成或由交流配电箱和组合开关电源的交配电单元组成。一台交流配电屏（箱）作为变压器的受电及配电，该种形式的供电系统适用于小型站，如微波站、光缆郊外站、干线有人站及移动通信基站等。交流配电屏（箱）电的输入端通常有两路电源引入（市电、油机电源）。装有成套低压配电设备的交流供电系统规模较大、地位重要的通信局（站）一般安装由成套低压配电设备组成的交流供电系统。成套配电设备的数量根据通信局（站）的建设规模、所配置的变压器数量、用电设备供电要求以及预期的负荷发展规模等因素而确定。

低压交流供电系统的自动切换应包括三种类型，即两路市电电源在低压供电系统上的切换、市电与备用发电机组供电系统的切换及通信楼电力机房交流引入电源的切换。

3.1.2　功能要求及指标要求

低压交流配电设备机组之间电源的转换并具有负载分配、保护、测量、告警等功能。

1. 功能要求

（1）对低压交叉配电设备的通用要求。

1）低压交流配电设备容量的确定应根据实际通信设备工作的负荷量，并加上通信保证务之和，再考虑足够的发展和安全裕量（一般为30%）来配置。如有较大预期发展计划，应按通信局（站）终期负荷配置。

2）低压交流配电设备的电流额定值有50、100、200、400、630、800、1000A，低压交流配电设备输出支路的数量和容量配置应满足通信设备及通信保证用负荷的总要求。输出支路同时使用的负载之和应不宜大于配电设备总容量的70%。

（2）对低压交流配电设备的技术要求。

1）可用人工、自动或遥控操作实现输入交流电源的转换，转换时应具有电气或机械锁装置，还应具有短路保护功能。

2）具有防雷保护、安全接地功能。

3）具备停电、输入缺相、频率超标、相序错误、输入过（欠）电压、支路开断警告功能，停电以及来电时应具有可闻可见的告警信号。

4）应具有保证照明和事故照明。

5）应具有中性线装置。

6）支路输出应设有保护装置，如熔断器、断路器等。

7）应具有功率因数自动补偿电路，$\cos\varphi > 0.9$。

8）平均无故障时间（MTBF）大于或等于 44000h。

9）配电设备的外形结构应考虑通信电源设备的成套性的要求。

10）可提供本地和远地监控功能通信接口。

2. 指标要求

在通信局（站）电源系统中，交流配电屏主要技术参数如下：

（1）输入：三相五线制 380V/50Hz。

（2）显示：装有电压表经电压转换开关分别显示三相线电压值（如有特殊要求，亦可分别显示三相相电压值）；装有三只电流表，分别显示三相电流值；装有显示工作的指示灯。

（3）支持安装三相有功电能表。

（4）支持增设告警功能（包括来电通知、停电告警、缺相告警、电压高限告警、电压低限告警等功能）。

3.1.3　典型配置

成套的低压交流配电设备分为受电屏、馈电（动力、照明等）屏、联络屏和自动切换等。选用设备时应综合考虑馈电支路、支路容量要求和系统操作的运行方式等因素。低压配电设备有固定式和抽屉式两种结构形式。两种结构各有利弊，应根据使用维护的要求而选择。

一般来讲，抽屉式低压配电设备维护方便，便于更换开关，且同容量的开关在不同的屏要求时可以相互替换。但抽屉式低压配电屏由于采用封闭式结构，屏内散热效果比固定式的配电屏差，故开关实际容量降低。因此，抽屉式低压配电屏在选择开关时应考虑环境温度的影响，主开关需按额定容量的 0.8

倍进行设计。自备机组所配置的发电机组控制屏、油机电源转换屏一般是随主机成套供应。自行选配时，其容量需根据机组的功率大小及远期所需要的功率扩容一并综合考虑。

3.2 UPS 电源系统

为确保地区及以上调度自动化主站系统能够持续、稳定地运行，必须采取切实有效的措施。其中，独立配置 UPS 电源并预留充足的备用容量是至关重要的环节，这有助于应对可能出现的电力波动或中断，确保系统运行的连续性。

在 UPS 主机的配置上，应遵循冗余原则，采取分列运行的方式，同时确保主机具备并机功能，以提高系统的可用性和可靠性。此外，为便于日常的维护和检修工作，应设置外部维修旁路，确保在不影响系统正常运行的前提下进行必要的维修操作。

蓄电池作为 UPS 电源的重要组成部分，其配置同样不容忽视。每套 UPS 主机应配备独立的蓄电池组，并严格按照规范要求配置容量，确保在满负荷运行状态下每组蓄电池能够至少持续供电 1h，以满足系统对电源稳定性的要求。

同时，为实现对 UPS 电源状态的实时监控与管理，系统应配备智能通信接口，将 UPS 电源的在线运行状态实时接入机房监视系统。这有助于及时发现并处理电源故障，提高系统的安全性和可靠性。

此外，为进一步优化系统布局和提升安全性，建议设置专用的 UPS 电源室，并将蓄电池室独立设置。这有助于减少干扰因素，提高系统的稳定性和安全性。同时，在电源室内 UPS 交流进线柜进线处以及机房分配柜的电源进线处加装防雷（强）电击装置，以有效防止雷电等自然灾害对系统造成损害。

3.2.1 系统组成及运行方式

1. 系统组成

（1）单套通信专用 UPS 电源。配置一套通信专用 UPS 电源时，典型接线方式见图 3.1。两路来自不同母线的交流电源输入，经自动切换装置（ATS）切换后用作 UPS 主机逆变器交流输入，其中一路交流电源输入 UPS 电源的旁路开关。

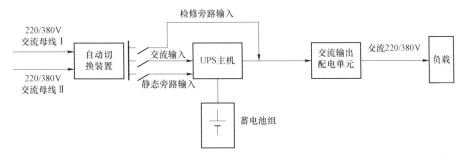

图 3.1　单套 UPS 典型接线方式示意图

（2）双套通信专用 UPS 电源。配置两套通信专用 UPS 电源时，宜采用双机双母线接线方式，典型接线方式见图 3.2。每台 UPS 主机的交流输入及旁路输入电源宜为两路来自不同变压器的交流电源经自动切换装置（ATS）切换后交叉提供。每台 UPS 主机的输出分别接于独立的母线段。

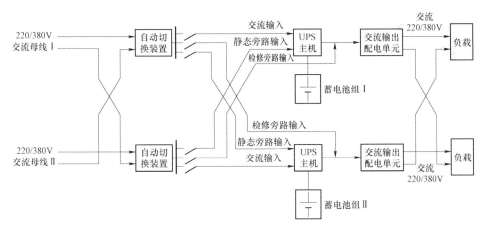

图 3.2　双机双母线 UPS 典型接线方式示意图

2. 系统运行方式

（1）分列运行方式：两套 UPS 主机采取在线式分列运行方式，输出母联负荷开关断开，两台主机负荷基本均衡。交流市电正常时，交流电源经过 UPS 主机整流、逆变向交流母线供电；当交流失电时由直流蓄电池通过 UPS 主机逆变后向负荷供电；负荷无过载时，当一套 UPS 出现故障，逆变器不能正常工作时，通过静态旁路开关给负荷供电，必要时可将母联负荷开关合上，由另一套 UPS 给负荷供电。推荐分列运行方式为系统正常运行方式。

（2）并机运行方式：两套 UPS 主机应可通过母联负荷开关并机，系统应有可靠的并机机制。当处于并机状态时，每台 UPS 平均分担负荷，输出环流应＜5%，任何一台 UPS 均能成为主逻辑设备，在一台设备故障的情况下，该 UPS 能自动脱离并联系统，另一台可自动全部带上负荷，确保供电的不间断；在系统并机运行中将任一台 UPS 退出或将其重新并入并机系统，该过程不会中断对设备的供电；对于已并机系统，可做到将每套 UPS 分开单独使用，做到供电系统的灵活、方便。

（3）串联运行方式：一台 UPS 带负荷工作，为主 UPS，另一台 UPS 串联接入主 UPS 的静态旁路回路，以热备用方式工作，为备 UPS（两套 UPS 输入及旁路均正常，UPS 无故障，负荷无过载）。当主 UPS 电源由整流－逆变回路切换至静态旁路回路时，备 UPS 投入带负荷工作状态。串联运行方式也可将两台 UPS 互相接入对方 UPS 的静态旁路回路，以使运行方式更为灵活方便。

3.2.2 功能要求及指标要求

1. 功能要求

（1）输出电压精确控制功能。

1）标称输出电压值：单相输入单相输出型 UPS 或三相输入单相输出型 UPS 为 220V；三相输入三相输出型 UPS 为 380V，采用三相三线制或三相四线制输出方式。用户可根据自己设备所需的电压等级和供电制式选取相应的 UPS 产品。

2）输出电压（精度/范围）：指 UPS 在稳态工作时受输入电压变化、负载改变以及温度影响造成输出电压变化的大小。对于后备式和互动式 UPS，输出电压（精度/范围）应在 198～242V 范围内；对于在线式 UPS，输出电压精度应符合表 3.1 的要求。

表 3.1　　　　　　　　在线式 UPS 的输出电压精度

项目	技术要求			备注
	Ⅰ类	Ⅱ类	Ⅲ类	
输出稳压精度	$\|S\|\leqslant1\%$	$\|S\|\leqslant1.5\%$	$\|S\|\leqslant2\%$	等级按照$\|S\|$的最大值划分

3）动态电压瞬变范围：指 UPS 在 100%突加减载时或执行市电旁路供电通道与逆变器供电通道的转换时，输出电压的波动值。UPS 动态电压瞬变范围≤5%。

4）电压瞬变恢复时间（transient recovery time）：在输入电压为额定值，输出接阻性负载，输出电流由零至额定电流和额定电流至零突变时，输出电压恢复到（220±4.4）V 范围内所需要的时间。后备式和互动式 UPS 的电压瞬变恢复时间应≤60ms，在线式 UPS 电压瞬变恢复时间应符合表 3.2 的要求。

表 3.2　　　　　　　　在线式 UPS 电压瞬变恢复时间

项目	技术要求			备注
	Ⅰ类	Ⅱ类	Ⅲ类	
电压瞬变恢复时间	≤20ms	≤40ms	≤60ms	—

5）输出电压频率：频率跟踪范围（range of frequency synchro）指交流供电时，UPS 输出频率跟踪输入频率变化的范围。UPS 的频率跟踪范围应满足 48～52Hz，且范围可调。频率跟踪速率（rate of frequency synchro）指 UPS 输出频率与输入交流频率存在偏差时，输出频率跟踪输入频率变化的速度，用 Hz/s 表示。UPS 的频率跟踪速率应在 0.5～2Hz/s 范围内。当工作在逆变器输出状态时频率（稳定度），应不宽于（50±0.5）Hz。

6）输出（电压）波形及失真度：根据用途不同，输出电压不一定是正弦波，也可以是方波或梯形波。后备式 UPS 输出波形多为方波，在线式 UPS 输出波形一般为正弦波。波形失真度一般是对正弦波输出 UPS 来说的，指输出电压谐波有效值的二次方和的平方根与基波有效值的比值。UPS 输出波形失真度技术要求如表 3.3 所示。

表 3.3　　　　　　　　UPS 输出波形失真度技术要求

UPS 类型	负载类型	输出波形失真度技术要求			备注
后备式和互动式	100%阻性负载	≤5%			—
	100%非线性负载	≤8%			—
在线式	在线式 UPS 的类别	Ⅰ类	Ⅱ类	Ⅲ类	
	100%阻性负载	≤1%	≤2%	≤4%	—
	100%非线性负载	≤3%	≤5%	≤7%	—

7）输出电压不平衡度（three phase unbalance）：三相输出的 UPS 各相电压在幅值上不同，相位差不是 120°或兼而有之的程度。互动式 UPS 输出电压幅值不平衡度≤3%，相位偏差≤2°。在线式 UPS 输出电压幅值不平衡度≤3%，相位偏差≤1°。

（2）电压输出过载功能。UPS 启动负载设备时，一般都有瞬时过载现象发生，输出过载能力表示 UPS 在工作过程中可承受瞬时过载的能力与时间。超过 UPS 允许的过载量或允许过载时间容易导致 UPS 损坏。后备式和互动式 UPS 的过载能力应符合表 3.4 的要求，在线式 UPS 的过载能力应符合表 3.5 的要求。

表 3.4　　　　　　　后备式和互动式 UPS 的过载能力要求

项目	技术要求	备注
过载能力	≥1min	过载 125%，电池逆变模式
	≥10min	过载 125%，正常工作模式

表 3.5　　　　　　　在线式 UPS 的过载能力要求

项目	技术要求			备注
	Ⅰ类	Ⅱ类	Ⅲ类	
过载能力	≥10min	≥1min	≥30s	125%额定阻性负载

（3）遥控与遥信功能。

1）通信接口。UPS 应具备 RS-485、RS-232、RS-422、以太网、USB 标准通信接口（至少具备其一），并提供与通信接口配套使用的通信线缆和各种告警信号输出端子。

2）遥测。UPS 遥测内容：对于在线式与互动式 UPS，遥测内容为交流输入电压、直流输入电压、输出电压、输出电流、输出频率、输出功率因数（可选）、充电电流、蓄电池温度（可选）；对于后备式 UPS，遥测内容为输出电压、输出电流、输出频率、蓄电池电压。

3）遥信。UPS 遥信内容：对于在线式 UPS，遥信内容为同步/不同步、UPS 旁路供电、过载、蓄电池放电电压低、市电故障、整流器故障、逆变器故障、旁路故障和运行状态记录；对于互动式与后备式 UPS，遥信内容为交流/电池逆变供电、过载、蓄电池放电电压低、逆变器或变换器故障。

4）电池组智能管理功能（在线式 UPS）。容量大于 20kVA 的 UPS 应具有定期对电池组进行自动浮充、均充转换，电池组自动温度补偿及电池组放电记录功能。电池维护过程中不应影响系统输出。

（4）保护与告警功能。

1）输出短路保护。负载短路时，UPS 应自动关断输出，同时发出声光告警。

2）输出过载保护。当输出负载超过 UPS 额定功率时，应发出声光告警。超过过载能力时，在线式 UPS 应转旁路供电；后备式和互动式 UPS 应自动关断输出。

3）过热（/温度）保护。UPS 机内运行温度过高时，发出声光告警。在线式 UPS 应转旁路供电；后备式和互动式 UPS 应自动关断输出。

4）电池电压低保护。当 UPS 在电池逆变工作方式时，电池电压降至保护点时，发出声光告警，停止供电。

5）输出过/欠压保护。当 UPS 输出电压超过设定过电压阈值或低于设定欠电压阈值时，发出声光告警。在线式 UPS 应转旁路供电；后备式和互动式 UPS 应自动关断输出。

6）风扇故障告警。风扇故障停止工作时，应发出声光告警。

7）防雷保护。UPS 应具备一定的防雷击和电压浪涌的能力。UPS 耐雷电流等级分类及技术要求应符合 YD/T 944—2007《通信电源设备的防雷技术要求和测试方法》中第 4、5 节的要求。

8）维护旁路功能。容量大于 20kVA 的 UPS 应具备维护旁路功能，当有对 UPS 的维护需求时，应能通过维护旁路开关直接给负载供电。

2. 指标要求

（1）效率与有功功率。

1）效率。效率是 UPS 的一个关键指标，尤其是大容量 UPS。它是指在不同负载情况下，输出有功功率与输入有功功率之比。一般来说，UPS 的标称输出功率越大，其系统效率也越高。在线式 UPS 的效率应符合表 3.6 的要求；后备式和互动式 UPS 的效率应符合表 3.7 的要求。

表 3.6　　　　　　　　　在线式 UPS 的效率要求

项目		技术要求			备注
		I 类	II 类	III 类	
效率	100%阻性负载	≥90%	≥86%	≥82%	额定输出容量≤10kVA
		≥94%	≥92%	≥90%	10kVA＜额定输出容量＜100kVA
		≥95%	≥93%	≥91%	额定输出容量≥100kVA
	50%阻性负载	≥88%	≥84%	≥80%	额定输出容量≤10kVA
		≥92%	≥89%	≥87%	10kVA＜额定输出容量＜100kVA
		≥93%	≥90%	≥88%	额定输出容量≥100kVA
	30%阻性负载	≥85%	≥80%	≥75%	额定输出容量≤10kVA
		≥90%	≥86%	≥83%	10kVA＜额定输出容量＜100kVA
		≥91%	≥87%	≥84%	额定输出容量≥100kVA

表 3.7　　　　　　　　后备式和互动式 UPS 的效率要求

项目	技术要求	备注
效率	≥80%	电池组电压≥48V
	≥75%	电池组电压＜48V

2）有功功率。后备式和互动式 UPS 输出有功功率≥额定容量×0.74kW/kVA；在线式 UPS 输出有功功率应符合表 3.8 的要求。

表 3.8　　　　　　　　　在线式 UPS 输出有功功率的要求

项目	技术要求			备注
	I 类	II 类	III 类	
输出有功功率	≥额定容量×0.9kW/kVA	≥额定容量×0.8kW/kVA	≥额定容量×0.7kW/kVA	—

（2）不同运行状态之间的转换时间。

1）市电/电池转换时间。对于在线式 UPS 而言，其市电/电池转换时间应为 0；对于后备式和互动式 UPS 而言，其市电/电池转换时间应≤10ms。

2）旁路/逆变转换时间。对于在线式 UPS 而言，其旁路/逆变转换时间应符合表 3.9 的要求。

表 3.9　　　　　　　　　在线式 UPS 旁路/逆变转换时间

项目	技术要求			备注
	Ⅰ类	Ⅱ类	Ⅲ类	
旁路/逆变转换时间（ms）	<1	<2	<4	额定输出容量>10kVA
	<1	<4	<8	额定输出容量≤10kVA

3）ECO 模式转换时间。当具有 ECO 模式时，ECO 模式与其他模式之间的转换时间应符合表 3.10 的要求。

表 3.10　　　　　　　　　ECO 模式转换时间

项目	技术要求			备注
	Ⅰ类	Ⅱ类	Ⅲ类	
ECO 模式转换时间（ms）	<1	<2	<4	—

（3）可靠性要求（平均无故障间隔时间 MTBF）。平均无故障间隔时间 MTBF 指用统计方法求出的 UPS 工作时两个连续故障之间的时间，它是衡量 UPS 工作可靠性的一个指标。在线式 UPS 在正常使用环境条件下，MTBF 应不小于 100000h（不含蓄电池）。互动式与后备式 UPS 在正常使用环境条件下，MTBF 应不小于 200000h（不含蓄电池）。

（4）振动与冲击。

1）振动：振幅为 0.35mm，频率 10～50Hz（正弦扫频），3 个方向各连续 5 个循环。

2）冲击：峰值加速度 150m/s^2，持续时间 11ms，3 个方向各连续冲击 3 次。容量≥20kVA 的 UPS，可应用运输试验进行替代。

（5）音频噪声 UPS 输出接额定阻性负载，在设备正前方 1m、高度为 1/2 处用声级计测量的噪声值，称为 UPS 的音频噪声。后备式和互动式 UPS 的音频噪声应小于 55dB（A），在线式 UPS 的音频噪声应符合表 3.11 的要求。

表 3.11　　　　　　　　　在线式 UPS 的音频噪声要求

项目	技术要求			备注
	Ⅰ类	Ⅱ类	Ⅲ类	
音频噪声	≤55dB（A）	≤65dB（A）	≤70dB（A）	400kVA 及以上除外

（6）电磁兼容限值。一方面指 UPS 对外产生的传导干扰和电磁辐射干扰应小于一定的限度，另一方面对 UPS 自身抗外界干扰的能力提出一定的要求。

1）传导骚扰限值。在 150kHz～30MHz 频段内，系统交流输入电源线上的传导干扰电平应符合 YD/T 983—2018 中 8.1 的要求。

2）辐射骚扰限值。在 30～1000MHz 频段内，系统的电磁辐射干扰电压电平应符合 YD/T 983—2018 中 8.2 的要求。

3）抗扰性要求。针对系统外壳表面的抗扰性有静电放电抗扰性以及辐射电磁场抗扰性，系统在进行以上各种抗扰性试验中或试验后应符合 YD/T 983—2018 中 9.1.1 的要求。针对系统交流端口的抗扰性有电快速瞬变脉冲群抗扰性、射频场感应的传导骚扰抗扰性、电压暂降和电压短时中断抗扰性、浪涌（冲击）抗扰性，系统在进行以上各种抗扰性试验中或试验后应符合 YD/T 983—2018 中 9.1.4 的要求。针对系统直流端口的抗扰性有电快速瞬变脉冲群抗扰性和射频场感应的传导骚扰抗扰性，系统在进行以上抗扰性试验中或试验后应符合 YD/T 983—2018 中 9.1.5 的要求。

（7）安全要求。

1）外壳防护要求。UPS 保护接地装置与金属外壳的接地螺钉应具有可靠的电气连接，其连接电阻应不大于 0.1Ω。

2）绝缘电阻。UPS 的输入端、输出端对外壳施加 500V 直流电压，绝缘电阻应大于 $2M\Omega$；UPS 的电池正、负接线端对外壳施加 500V 直流电压，绝缘电阻应大于 $2M\Omega$。

3）绝缘强度。UPS 的输入端、输出端对地施加 50Hz、2000V 的交流电压 1min，应无击穿、无飞弧，漏电流小于 10mA；或 2820V 直流电压 1min，应无击穿、无飞弧，漏电流小于 1mA。

4）接触电流和保护导体电流。UPS 的保护地（PE）对输入的中性线（N）的接触电流应不大于 3.5mA；当接触电流大于 3.5mA 时，保护导体电流的有效值不应超过每相输入电流的 5%；如果负载不平衡，则应采用三个相电流的最大值来计算，在保护导体大电流通路上，保护导体的截面积不应小 $1.0mm^2$；在靠近设备的一次电源连接端处，应设置标有警告语或类似词语的标牌，即"大接触电流，在接通电源之前必须先接地"。

（8）环境条件。要使 UPS 能够正常工作，就必须保证 UPS 工作的环境条

件符合规定要求，否则 UPS 的各项性能指标便得不到保证。通常不可能将影响
UPS 性能的环境条件一一列出，而只给出相应的环境温度和湿度要求，有时也
对大气压力（海拔）提出要求。

1）温度。温度包括工作温度和存储温度。工作温度就是指 UPS 工作时应
达到的环境温度条件，一般该项指标均给出一个温度范围，室内通信用 UPS 的
运行温度一般为 5～40℃。工作温度过高不但使半导体器件、电解电容的漏电
流增加，还会导致半导体器件的老化加速、电解电容及蓄电池寿命缩短；工作
温度过低则会导致半导体器件性能变差、蓄电池充放电困难且容量下降等一系
列严重后果。通信用 UPS 存储温度为 -25～55℃（不含电池）。

2）相对湿度。湿度是指空气内所含水分的多少。说明空气中所含水分的
数量可用绝对湿度（空气中所含水蒸气的压力强度）或相对湿度（空气中实际
所含水蒸气与同温下饱和水蒸气压强的百分比）表示。UPS 说明书一般给出的
是相对湿度，工作相对湿度应不高于 90% [（40±2）℃]，无凝露；存储相对
湿度应不高于 95% [（40±2）℃]，无凝露。

3）海拔。UPS 说明书中所明确标出的海拔（大气压力）是保障其安全运
作的关键条件。之所以如此重视海拔，是因为 UPS 内部众多元器件采用密封封
装技术，而这些封装通常是在标准大气压环境下进行的，确保封装后的器件内
部维持在一个稳定的大气压力状态。然而，随着海拔的升高，大气压力逐渐降
低，这可能导致器件内部相对于外部环境产生压力差，当海拔过高时，这种压
力差可能引发器件变形甚至爆裂，从而造成损坏。因此，特别提醒，当 UPS 满
载运行时，海拔应严格控制在 1000m 以下。若需在高海拔地区使用且海拔超过
1000m 时，应依据 GB/T 3859.2—2013《半导体变流器通用要求和电网换相变
流器　第 1-2 部分：应用导则》的规定，进行降容使用。

（9）外观与结构。机箱镀层牢固，漆面匀称，无剥落、锈蚀及裂痕等现象。
机箱表面平整，所有标牌、标记、文字符号应清晰、易见、正确、整齐。

（10）输出电流峰值系数。指当 UPS 输出电流为周期性非正弦波电流时，
周期性非正弦波电流的峰值与其有效值之比。UPS 输出电流峰值系数应≥3。

（11）并机负载电流不均衡度。指当两台以上（含两台）具有并机功能的
UPS 输出端并联供电时，所并联各台中电流值与平均电流偏差最大的偏差电流
值与平均电流值之比。UPS 并机负载电流不均衡度应≤5%。此值越小越好，说

明并机系统中的每台 UPS 所输出的负载电流的均衡度越好。

3.2.3 典型配置

1. 重要通信枢纽站大型机房通信 UPS 电源配置

大型机房通信 UPS 一般需要为各类核心设备进行供电，通常由核心交换机、核心路由器、各类安全网关及防火墙、多套服务器集群组成。一般负载在 20kW 以上，可根据实际负载配置两套或多套 UPS 电源满足主备用需求。重要通信枢纽站可配置多组 2V×192 节蓄电池组，容量可以根据上级单位要求的后备时间计算。

2. 独立通信站点

独立通信站点一般配置若干套汇聚路由器、汇聚交换机、防火墙和 AG 设备，用于本站网络、电话接入和网络安全管控；部署 MGW 或程控交换机用于电话放号；部署若干套服务器提供本站及下属接入站信息通信设备管理，一般负载不超过 20kW，可选择配置两套 40kVA 或 60kVA 的 UPS 电源并机，直流电压 384V，配置两组 12V×32 节蓄电池组。

3. 小型站点

小型站点机房一般配置若干套接入路由器、接入交换机和 IAD 设备，用于网络、电话接入；部署一套监控硬盘录像机，用于监控录像本地保存，一般负载不超过 2kW，可选择配置单套 3kVA 或 6kVA UPS 电源。

3.2.4 安装步骤及要求

1. UPS 的安装场地与环境

对于场地及环境的选择，既要考虑 UPS 的安全运行，又要考虑负载的实际情况，保证 UPS 运行正常，供电可靠。一般考虑 UPS 安装场地和环境时，要注意以下几个方面。

（1）场地应清洁干燥，UPS 的左右侧至少要保持 50mm 的空间，后面至少要有 100mm 的空间，以保证 UPS 通风良好，湿度和温度适宜（15～25℃最佳）。

（2）无有害气体（特别是 H_2S、SO_2、Cl_2 和煤气等），因为这些气体对设备元器件的腐蚀性较强，影响 UPS 的使用寿命，沿海地区还应防止海风（水）

的侵蚀。

（3）外置电池柜应尽可能与 UPS 放在一起。

2. UPS 与市电电源及负载的连接

（1）检查 UPS 电源上所标的输入参数是否与市电的电压和频率一致。

（2）检查 UPS 输入线的相线与零线是否遵守厂家规定。

（3）检查负载功率是否小于 UPS 的额定输出功率。

3. 电缆截面的选择

UPS 一般均安装于室内，而且离负载较近，其走线多为地沟或走线槽，所以一般采用铜芯橡皮绝缘电缆。其导线截面积主要考虑三个因素：

1）符合电缆使用安全标准；

2）符合电缆允许温升；

3）满足电压降要求。

例：一台某型号 16kVA 单进单出 UPS，其输入电压范围 155～276V（满载），输入功率因数 0.98，负载功率因数 0.7，充电功率 1.2kW，满载时整机效率为 0.91，那么其最大输入电流 $I_{inmax} = (16000 \times 0.7 + 1200)/(0.91 \times 0.98 \times 155) = 89.7$（A），最大输出电流 $I_{outmax} = 16000/220 = 72.7$（A）。此 UPS 输入输出断路器的额定工作电流可分别选 100A 和 80A。UPS 所带负载（计算机开关电源是整流型负载）通常是感性的，功率因数一般为 0.6～0.7，UPS 输入端即使加入了功率因数校正电路，但在 UPS 旁路工作时，由于负载的缘故，输入端也是呈感性的，而感性负载的启动电流较大，所以在选择输入、输出断路器时，其脱扣曲线应选择 D 类（10～20 倍额定电流脱扣）。

有些 UPS 厂家考虑到断路器在某些情况下可能产生误动作，从而引发输入电和输出（负载）配电的意外断电，所以会要求使用负荷隔离开关或带熔丝的负荷隔离开关。在选取开关和熔丝时，其额定电流也要大于最大输入电流和最大输出电流。

特别值得注意的是，大多数三进单出 UPS 机型，在转旁路工作时全部负载是由输入三相电中的一相来负担的，所以在选择输入断路器（多极）时，其额定工作电流应不小于满载工作时单相最大输入电流。

4. 连接线的选择

对于 UPS 输入输出连线线径的选取也要参考每相通过的最大电流，考虑到三相设备中的中线上也可能存在三次谐波电流，所以三进单出及三进三出的零线（尤其是 UPS 的输出零线）线径不应小于 A 相（三进单出的 UPS，A 相通常被设定为旁路用电）线径。保护地线线径一般也要求与 A 相线径相同。

UPS 的连接线一般选用 BVR 线，YZ、YC 多芯软橡套线或 RVV 多芯软塑套线。电流密度（每平方厘米截面积内可流过电流强度）可按以下值估算：1.5mm²/8A，2.5mm²/7A，4mm²/6.5A，6mm²/6A，10mm²/5.5A，16mm²/5A，25mm²/4A，35mm²/3.5A，50mm²/3A，70mm²/2.5A，95mm² 以上最大不超过 2A。

5. UPS 与外接长延时蓄电池之间的连线

此连接不宜过长，否则在蓄电池连线上损失的压降比较大。另外，用户往往十分注意 UPS 主机工作的环境温度，蓄电池与主机一同放置可使蓄电池也得到良好的工作环境。

6. 用户的负载配电

最好采用分级多路控制方式。当末端某一支路发生过流或短路保护时，不会导致同一级中其他支路或上一级用电设备掉电，且下一级断路器的总额定电流值不应大于上一级的 130%，以避免出现下一级每个支路断路器都没满载或过载工作时（断路器不跳闸），上一级断路器却因过载而跳闸，以至全部负载都失去供电。另外，上一级断路器的脱扣曲线和脱扣时间要大于下一级断路器的脱扣曲线和脱扣时间，以免下一级中支路有尖峰、浪涌或发生短路时上一级断路器先于下一级断路器脱扣，导致全部负载断电。

对于三进三出 UPS，要求用户尽量平均分配三相负载，以避免因 UPS 输出三相中某一相过载而使 UPS 转入旁路状态，降低 UPS 对负载的保护等级。

7. 配电盘

建议用户为 UPS 及其负载单独设置配电盘，以便于对 UPS 及其保护的负载进行集中、可靠的控制。此配电盘所选元器件要符合国家的阻燃和绝缘要求。阻燃和绝缘要求通常分为以下两类防护形式。

第一类防护形式：防止固体异物进入电器内部及防止人体触及内部的带电或运动部分的防护。第一类防护形式的分级方式及定义见表 3.12。

表 3.12　　　　　　　　　　　第一类防护形式分级及定义

防护等级	简称	定义
0	无防护	没有专门的防护
1	防护直径大于50mm 的固体	能防止直径大于 50mm 的固体异物进入壳内，能防止人体的某一大面积部分（如手）偶然或意外触及壳内带电或运动部分，但不能防止有意识地接触这些部分
2	防护直径大于12mm 的固体	能防止直径大于 12mm 的固体进入壳内，能防止手触及壳内带电或运动部分
3	防护直径大于2.5mm 的固体	能防止直径大于 2.5mm 的固体异物进入壳内，能防止厚度（或直径）大于 1mm 的工具、金属线等触及壳内带电或运动部分
4	防护直径大于1mm 的固体	能防止直径大于 1mm 的固体异物进入壳内，能防止厚度（或直径）大于 1mm 的工具、金属线等触及壳内带电或运动部分
5	防尘	能防止灰尘进入，达到不影响产品运行的程度，完全防止触及壳内带电或运动部分
6	尘密	完全防止灰尘进入壳内，完全防止触及壳内带电或运动部分

第二类防护形式：防止水进入内部达到有害程度的防护。第二类防护形式的分级方式及定义见表 3.13。

表 3.13　　　　　　　　　　　第二类防护形式分级及定义

防护等级	简称	定义
0	无防护	没有专门的防护
1	防滴	垂直的滴水应不能直接进入产品内部
2	15°防滴	与铅垂线成 15°角范围内的滴水，应不能直接进入产品内部
3	防淋水	任何方向的喷水对产品应无有害的影响
4	防溅	猛烈的海浪或强力喷水对产品应无有害的影响
5	防喷水	任何方向的喷水对产品应无有害的影响
6	防海浪或强力喷水	猛烈的海浪或强力喷水对产品应无有害的影响
7	浸水	产品在规定的压力和时间内浸在水中，进水量应无有害的影响
8	潜水	产品在规定的压力下长时间浸在水中，进水量应无有害的影响

表明产品外壳防护等级的标志由字母"IP"及两个数字组成。第一位数字表示上述第一类防护形式的等级，第二位数字表示上述第二类防护形式的等级。如需单独标志第一类防护形式的等级时，被略去的数字的位置，应以字母"X"补充，如 IP3X 表示第一类防护形式 3 级，工程技术人员可根据设备安装的场所、位置和 UPS 厂家要求提出防护等级。

8. UPS 负载专用插座

用户都知道不能将空调、照明等设备接入 UPS 输出端，但如果用户在做 UPS 负载配电时，UPS 负载专用插座与非 UPS 负载插座没有明显的区分标志，就可能造成用户误将非 UPS 负载插入 UPS 负载专用插座中，影响 UPS 的正常运行，所以要在 UPS 负载专用插座上做出明显区别于其他插座的特殊标志。

某些需要单相三线制供电的 UPS 负载，在其设备内部，零线与保护地线是接在一起的，如果 UPS 负载插座的中性线、相线接反，则有可能造成 UPS 和负载的损坏，所以用户在做负载配电时一定要检查 UPS 负载插座中性线、相线的极性，不能接反。对于插座来说，面对插座，以保护地线为起点，按顺时针顺序，依次为地、相、零。对于插头来说，面对插头，以保护地线为起点，按顺时针顺序，依次为地、中性、相线。

3.3 UPS 蓄电池组

3.3.1 系统组成及组件原理

UPS 蓄电池组系统由多个关键组件构成，包括蓄电池、充电器、逆变器、控制电路、静态开关、配电单元和监控软件，共同确保在主电源故障时为关键设备提供不间断的电力支持。蓄电池是系统核心，由多个铅酸电池单元组成，能在断电时释放电能。充电器将交流电转换为直流电为蓄电池充电。逆变器将直流电转换为交流电，以匹配负载设备需求。控制电路监控系统运行，包括电池管理和故障检测。静态开关实现主电源与 UPS 逆变器间的无缝切换。配电单元提供额外输出插座，具备过载保护。监控软件允许远程监控 UPS 状态，分析系统性能和电池寿命。这些组件协同工作，为关键应用提供稳定可靠的电力保护，减少电源问题带来的风险。

3.3.2 功能要求及指标要求

系统宜采用贫液式（AGM）阀控密封铅酸蓄电池（VRLA）。

（1）蓄电池电压选择。

1）单节蓄电池电压可采用 2、6V 或 12V。

2）蓄电池组电压应满足 UPS 主机的直流工作电压要求。

（2）蓄电池容量选择计算。每台 UPS 蓄电池容量应按照后备时间不少于1h 考虑。

蓄电池的容量应根据 UPS 主机容量来进行计算，计算采用阶梯计算法（电流换算法）。蓄电池放电功率、容量计算方法如下。

1）蓄电池放电功率计算。计算公式如下

$$P = \frac{S\cos\varphi}{\eta} \qquad (3-1)$$

式中　P——蓄电池放电功率，kW；

　　　S——UPS 标称输出功率，kVA；

　　$\cos\varphi$——UPS 输出功率因数，取 0.8；

　　　η——逆变器转换效率，取 0.95。

2）蓄电池容量计算。利用阶梯计算法计算蓄电池容量（AhV）的计算公式如下

$$C = \frac{P \times 10^3}{K_C} \qquad (3-2)$$

式中　C——蓄电池 10h 放电率的计算容量，AhV；

　　　P——蓄电池放电功率，kW；

　　K_C——蓄电池放电 1h 的容量换算系数，1/h，当采用单节 2V 蓄电池时，
　　　　　　取 0.598；当采用单节 6V 或 12V 蓄电池时，取 0.68，按单节 2V
　　　　　　蓄电池放电终止电压 1.80V 考虑。

注：考虑 UPS 电源系统的特殊性，当 UPS 主机没有确定时，直流工作电压不能确定，因此，在已知 UPS 容量的条件下，此处蓄电池的计算容量为（AhV），待主机及直流工作电压确定后，再计算出蓄电池的容量（Ah）。

（3）蓄电池组数选择。

1）每台/组 UPS 主机应根据蓄电池的容量计算结果以及主机额定直流工作电压来确定蓄电池的组数，每台/组 UPS 主机应至少配置 1 组蓄电池。

2）当采用 12V/节蓄电池单组容量不满足要求时，可以采用多组相同参数的蓄电池并联，但并联组数不应超过 4 组；当采用 2V/节蓄电池时，推荐采用单组蓄电池。

3）若干组蓄电池并联运行时,要求所有的蓄电池组应采用同一品牌及参数。

（4）蓄电池性能指标。

1）浮充使用寿命：≥10 年（25℃）。

2）高循环能力：在放电深度为 80%时，循环充放电次数≥1200 次。

3）安全阀：具有自动减压调节阀，保证运行安全可靠。

4）额定 10h 率放电容量，第一次放电可达 100%，终止电压为 1.8V/单体。

5）最大充电电流：0.25C10（C10 为电池放电 10h 释放的容量，单位 Ah）。

6）均充电压：2.30～2.35V/单体。

7）浮充电压：2.25±0.02V/单体（25℃）。

8）电解液比重：1.25～1.3g/cm³。

9）每月自放电率＜3%；每周自放电率＜0.5%～1%（25℃）。

10）气体复合率：≥99%。

11）密封反应效率：＜90%。

（5）蓄电池的结构要求。

1）蓄电池结构应保证在使用寿命期间，不得渗漏电解液。

2）外壳材料应采用阻燃耐腐、耐压、耐高温、耐水蒸气泄漏、耐震合成材料；蓄电池槽、盖、安全阀、极柱封口剂等材料应具有阻燃性。

3）蓄电池的连接线应采用柔性直流阻燃电缆，耐压＞1000V。

（6）蓄电池支架的要求。

1）支架应能承受蓄电池重量和抗 7 度地震的能力，保证电池间连线不中断，单体不破裂。支架具有维护、检查、搬动蓄电池方便的特点，具有防锈、防腐、耐酸的能力，应能保证 10 年不生锈。

2）支架应有可靠的接地点，支架之间应用软编织导线连接，接触可靠，接地电阻小。

（7）蓄电池运行要求。

1）UPS 运行时应考虑 UPS 电源共用蓄电池组的方式，即在一台 UPS 电源故障或检修时，可以将它的蓄电池切换至另一台 UPS 电源，以延长放电时间，但应当充分考虑由此而带来的环流，尽量避免由此对蓄电池寿命带来的损害。

2）安装蓄电池开关和蓄电池组切换开关的开关柜应当尽量靠近蓄电池，

容量大于 200Ah 的蓄电池应布置在专用蓄电池室内。蓄电池室环境温度应保持在 20～25℃。

3.3.3　典型配置

1. 蓄电池内各组件的逻辑关系

单只蓄电池是由正极群、负极群、多孔性隔膜、蓄电池槽盖、电解液、安全阀 6 个主要组件组成的。其中的任何一个组件出故障都会给蓄电池的可靠性带来损害，即降低了整只蓄电池的可靠性。从逻辑关系上来分析，蓄电池的这 6 个主要组件的关系应当是串联的，那么整只蓄电池的可靠性将由各个组件的可靠性来决定。蓄电池的正极群和负极群又都是分别由许多片正极板和负极板组成的。从电气连接上来看，各片正（或负）极板都是并联在一起的；从逻辑功能方面来看，任何一片极板失效并不会导致整只蓄电池失效，必须全部极板同时失效才会引起极群失效，因而它们也可视为并联的。

2. 设计余量可靠性分析

冗余设计是可靠性设计技术之一。实践经验表明，蓄电池的设计容量应当大于额定容量。这样一方面可以保证每只蓄电池的容量均在额定容量以上（因为各只蓄电池的容量总是会有差别的），另一方面会对延长蓄电池使用寿命有利。根据研究结果，如果蓄电池的设计容量是额定容量的 k 倍（$k>1$），那么蓄电池的使用寿命得以延长 ΔT。虽然加大蓄电池的设计余量可以延长蓄电池的寿命，但其延长的数值 ΔT 并不跟余量成正比。分析表明，余量在 20%以下时，其效果是明显的。对用户来说，在使用条件和经费允许的情况下，应适当选取容量比较大的蓄电池，以有利于提高蓄电池的可靠性。

3. 蓄电池连接的可靠性分析

在广泛使用的蓄电池供电系统中，为了提高蓄电池供电系统的可靠性，常采用以下两种蓄电池的连接方式：① 将单体蓄电池先串联后并联；② 将单体蓄电池先并联后串联。

（1）先串联后并联组合方式的可靠性。将单体蓄电池先串联后并联的组合方式可用来提高供电系统的可靠性，也就是说，当单体蓄电池先串联后已不能保证用户提出的可靠性要求时，就可以再并联同规格的单体串联蓄电池组来提高可靠性。图 3.3 所示为先串联后并联组合方式的可靠性模型图。

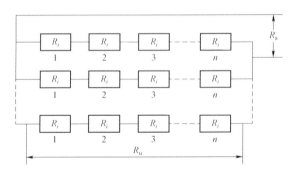

图 3.3　先串联后并联组合方式的可靠性模型图

假设各单只蓄电池的可靠性相同且 $R_i = 0.99$，则图 3.3 中的 R_u 是单体串联蓄电池组的可靠性。那么根据可靠性串联的计算公式，单体串联蓄电池组的可靠性 R_u 为

$$R_u = R_i^n \qquad\qquad (3-3)$$

式中，n 为单体串联蓄电池只数。

蓄电池先串联后并联组合方式的系统可靠性 R_a 为

$$R_a = 1 - (1 - R_u)(1 - R_u)\cdots(1 - R_u) \qquad\qquad (3-4)$$

由上面的结果可以看出，两个可靠性都为 0.99 的单元并联后，其可靠性提高到 100 倍，不可靠性由百分之一下降到万分之一。

（2）先并联后串联组合方式的可靠性。将单体蓄电池先并联后串联的组合方式可用来提高供电系统的可靠性，也就是说，当单体蓄电池先并联后已不能保证用户提出的可靠性要求时，就可以再将同规格的单体蓄电池并联后再串联来提高可靠性。图 3.4 所示为先并联后串联组合方式的可靠性模型图。

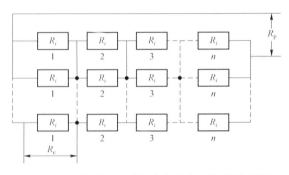

图 3.4　先并联后串联组合方式的可靠性模型图

假设各单只蓄电池的可靠性相同且 $R_i = 0.99$，则图 3.4 中的 R_e 是单体并联蓄电池组的可靠性。那么根据可靠性并联的计算公式，单体并联蓄电池组的可靠性 R_e 为

$$R_e = 1 - (1 - R_i)(1 - R_i) \cdots (1 - R_i) \tag{3-5}$$

蓄电池先并联后串联的组合方式的系统可靠性 R_p 为

$$R_p = R_e^n \tag{3-6}$$

由上面的计算公式可以从理论上定性和定量地看出可靠性的趋势为

$$R_p > R_a \tag{3-7}$$

显然，采用先并联后串联方式组成的蓄电池组，其可靠性比先串联后并联方式要高。如果考虑到各单只蓄电池的不均衡性，那么这种先并后串的连接方式对防止出现两组蓄电池偏流有利。

（3）蓄电池并联使用的利弊。长期以来，不论是国内还是国外，也不论是数据中心、通信、电力系统还是 UPS 系统，人们都习惯于用两组蓄电池并联起来与一台 UPS 或一个系统的用电设备配套使用。这种并联使用的方式成了设计者们和使用者们的一条必须遵循的原则，但在工程实践中可以得出的结论与其不同。因为在系统的工作中，只要用户能按照蓄电池生产厂家的使用说明书对蓄电池维护保养好，只用一组蓄电池即可以达到用电系统对蓄电池提出的可靠性要求，而且这一组蓄电池的使用效果（如蓄电池的稳定性、可靠性、均衡性，尤其是蓄电池的使用寿命等）会比将两组蓄电池并联使用时的情况好得多。

在并联电路中，总电压等于各支路电压。也就是说，加在并联的两组蓄电池中的每一组蓄电池上的充电电压与总充电电压相等，即 $U_总 = U_1 = U_2$。又根据 $I = U/R$ 的公式，经过计算可以得知，$I_1 \neq I_2$（因为两组蓄电池的内阻肯定不一样，即 $R_1 \neq R_2$，在 $U_1 = U_2$ 情况下，肯定会得出 $I_1 \neq I_2$ 的结果）。这就是说，在同样大小的充电电压情况下，两组并联使用的蓄电池，其每一组所得到的充电电流是不一样的，内阻大的其充电电流小，内阻小的其充电电流大。这样，就有可能造成充电电流小的那组蓄电池经常处于充电不足的状态，久而久之，这组蓄电池可能因长期亏电导致硫酸盐化而加大其内阻，其内阻越大，充电电流越小，造成了一个恶性循环而导致这组蓄电池的使用寿命大幅缩短。而只用一组蓄电池就不存在这种情况，即蓄电池单组使用的效果远远好于并联使用。因此，建

议用户在能够用一组蓄电池就可以满足用电设备需要的情况下，不要将两组蓄电池并联使用，否则既会缩短蓄电池的使用寿命，提高使用成本，又会降低蓄电池的综合性能。如果因为设备的功率大，用两组蓄电池并联仍不能满足设备功率需要，而采用两组以上，如 3 组、4 组，甚至更多组的蓄电池并联，则更加不利。在这种情况下，选用能够满足设备功率需要的大容量蓄电池就可以了。如果 12V 系列蓄电池中没有大容量规格的，可以选用 2V 系列蓄电池，目前国内已有的 2V 系列蓄电池最大的可以达到 6000Ah。

从提高备用电源供电的可靠性这一点来考虑，两组蓄电池并联也是可以理解的，这样一旦交流电停电，两组蓄电池中有一组不能供电还可以有另外一组蓄电池来保证。如果是从这一角度出发而考虑采用蓄电池并联，那么选用两组蓄电池应有独立的均浮充电系统，即为系统充电器的冗余设计。如果是为了增大供电容量的设计，那么可在放电回路中采用接触器控制，即在由系统供电时接触器闭合，两组蓄电池并联供电，当市电供电恢复后，两组蓄电池解除并联。如果是两组蓄电池互为备用的设计，那么可采用两组蓄电池互相转换方式，既可提高系统的可靠性，又可使两组蓄电池轮流向负载供电，以延长蓄电池的使用寿命。

4. 蓄电池容量的选择

由于每个厂家、每一系列、每一批次的蓄电池都存在质量差异，内在质量很难鉴别，所以在选购蓄电池时要参考长期的使用经验，应优选大厂名牌产品，相同容量的蓄电池，优选体积大、质量大、极板厚、电解液密度小的蓄电池。

设计中对蓄电池容量的要求主要考虑系统备用时间内的负荷及市电停电的维修时间，并兼顾多点同时发生停电的处理时间冗余。蓄电池有专业人员维护的选择 12h 备用时间为宜，无专业人员维护的选择 24h 备用时间为宜。

（1）蓄电池容量选择方法。蓄电池容量要根据蓄电池实际放电电流和所要求的备用时间来决定。选择蓄电池容量时，应先计算出要求放电的电流值，然后根据蓄电池生产厂家提供的放电特性曲线和用户要求的备用时间进行选择。

（2）蓄电池最大放电电流计算。蓄电池最大放电电流按下式计算。

$$I_{\max} = \frac{P\cos\varphi}{\eta \cdot N \cdot E_{临界}} \qquad (3-8)$$

式中　I_{max} ——蓄电池最大放电电流；

　　　P ——额定输出功率；

　　$\cos\varphi$ ——输出功率因数（用于 UPS 系统的考虑系统输出的 $\cos\varphi$，若为不逆变系统的应用则 $\cos\varphi=1$）；

　　　η ——效率；

　　$E_{临界}$ ——放电时单体蓄电池的临界放电电压；

　　　N ——蓄电池组的单体蓄电池只数。

（3）放电电流计算。在放电过程中，蓄电池的放电电流是变化的，蓄电池刚放电时的电流明显小于 I_{max}。根据蓄电池的放电状态，一般取 0.75 作为校正因数，即蓄电池实际所需的放电电流 $I=0.75 I_{max}$。

（4）蓄电池容量。计算出蓄电池实际所需的放电电流后，再根据所要求的备用时间按照蓄电池生产厂家所提供的蓄电池放电特性曲线，找出要求蓄电池提供的放电速率，按下式计算出要求配置的蓄电池容量。

$$蓄电池容量(Ah)=\frac{蓄电池实际所需的放电电流(A)}{蓄电池放电速率(1/h)} \qquad （3-9）$$

实际需要配置的蓄电池容量为

$$C \geqslant I \times K \times T / n[1+0.006(t-25)] \qquad （3-10）$$

式中　C——需要配置的蓄电池容量；

　　　K——安全系数，一般取 1.25；

　　　I　负荷电流（2V 系列蓄电池考虑 5 年的发展冗余，12V 系列不考虑发展冗余）；

　　　T——放电小时数；

　　　n——放电容量系数（通信蓄电池选 $n=0.9$，电力蓄电池选 $n=0.95$，UPS系统蓄电池选 $n=1$）；

　　　t——温度调整系数（北京地区选 0，中南部地区选 5）。

举例说明：

一台 100kVA 的 UPS，其输出功率因数为 0.8，直流逆变效率为 91%，蓄电池组由 30 只 12V 蓄电池组成，要求备用时间为 2h，蓄电池选 GFM 系列密封铅酸蓄电池，其放电特性曲线如图 3.5 所示。

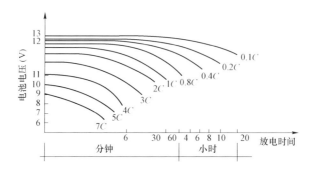

图 3.5　GFM 系列密封铅酸蓄电池的放电特性曲线

计算蓄电池的最大放电电流为

$$I_{max} = \frac{P\cos\varphi}{\eta NE_{临界}} = \frac{100\times10^3\times0.8}{0.91\times30\times10} \approx 293（A）$$

铅酸蓄电池实际所需的放电电流为 $I = 0.75\,I_{max} = 0.75\times293A \approx 219.8A$。

根据备用时间为 2h，从图 3.7 中查出，蓄电池的放电速率为 0.28C10，则
蓄电池容量为 $\frac{219.8A}{0.28/h} = 785Ah$

要配置的蓄电池的规格为：采用 4 组蓄电池并联，每组由 30 只 12V/200Ah
的蓄电池串联。

蓄电池在各类 UPS 中扮演了不可替代的重要角色。随着电化学技术的发
展，密封阀控铅酸蓄电池占有电源市场的绝大部分份额。在小型 UPS 中多采用
12V/400Ah 组合密封阀控蓄电池，它的特点是维护简单，不用补充水，同时体
积较小，使用安全方便。

但在大、中型 UPS 中，有些用户仍然沿用 6V 或 12V 组合密封阀控蓄电池，
这是不可取的。因为大、中型 UPS 在设计中虽然提高了蓄电池工作电压，但蓄
电池的工作电流增大得更多，甚至超过 100A。如此大的放电电流对 6V 或 12V
的组合蓄电池来说是不可接受的，因此在大、中型 UPS 中应用的蓄电池应选用
2V 系列的蓄电池。

5. 蓄电池的连接方式

对于采用多组小容量蓄电池并联方案，从电路角度分析，可使各组内的蓄
电池放电电流减小。如果有 4 组相同的蓄电池进行并联放电，则每组蓄电池只
需要承担 1/4 总电流就可以工作了。但在实际应用中情况往往会复杂得多，以

一组 384V/100Ah 的蓄电池为例来分析其放电过程。在保证 12V/100Ah 的蓄电池能有 3 年使用寿命的前提下，必须将放电电流控制在 25A 以下。因此，用 4 组 100Ah 蓄电池并联而成，即 32 只 12V/100Ah 的蓄电池串联成一组，再将 4 个这样的蓄电池组并联在一起工作，宏观看像是一个 384V/400Ah 的大蓄电池组。但在这个由 32×4＝128 只单体蓄电池构成的蓄电池系统中，要保证其特性处处一致，对工厂生产来说绝非易事。在每一只单体 12V 的蓄电池中分为 6 个小格，每格是一个 2V 蓄电池。在 128 只 12V 蓄电池中，共有 6×128＝768 单格。由于是密封结构，一般无法得知每格内部情况，又因各小格电压会产生差异，最终缩短了蓄电池的寿命。

另外在 4 组并联蓄电池中，如果发生个别蓄电池断路，那么将缩短总维持时间；如果发生个别蓄电池电压低，则会使整个大蓄电池组电压下降，影响正常使用。为避免这种现象，在小电流混联电路中可以加装各支路熔丝，但当大电流工作时，熔丝的降压及负面效应将会影响正常工作。

综上所述，在大、中型 UPS 中采用小容量蓄电池混联的做法是不适宜的，应使用 2V 单体系列蓄电池。该系列蓄电池设计寿命一般为 15 年，最低保质 8 年，容量一直可达 3000Ah。结合上例来看，2V 系列蓄电池的具体应用如下。

选用 192 只 2V/400Ah 的蓄电池，串联成一个 384V/400Ah 的大蓄电池组，蓄电池的工作电流仍是 100A。由于每个单体蓄电池能够看见并触摸，所以所有蓄电池的状态便一目了然。即使个别蓄电池出现差异也能单独处理，避免了组合蓄电池中的种种弊端。以上两种方案的构成成本计算如下。

12V/100Ah 的蓄电池单体价格为 850 元，寿命为 3 年；2V/400Ah 的蓄电池单体价格为 1050 元，寿命为 8 年。以前面例子计（384V/400Ah 的蓄电池）：

（1）采用组合蓄电池的初期投资为 850×128＝108800（元），折算成年成本为 108800/3＝36267（元）。

（2）采用 2V 蓄电池的一次投资为 1050×192＝201600（元），折算成年成本为 201600/8＝25200（元）。

以上只是进行了一个简单对比，如果从维护及故障影响等因素综合考虑，在大、中型 UPS 上使用 2V 系列蓄电池会更完全、更可靠、更经济。

例如，某 UPS 的功率输出为 50kVA，其直流电压范围为 330～480V，放电时间为 30min，单体放电终止电压为 1.67V，UPS 的效率为 0.90，功率因数为

0.95。所用蓄电池的选择步骤如下。

1）将 UPS 的功率输出（kVA 数）转换为蓄电池的功率（kW 数）。

$$50/(0.9 \times 0.95) \approx 58.48（kW）$$

2）决定所需蓄电池只数 n。

$$n = 330V/1.67V \approx 198（只）$$

3）确定蓄电池电压不超过直流电压范围。

$$198 \times 2.27V = 449.46V < 480V$$

4）决定每单元所承受的功率。$58480/198 \approx 295.35$（W），由于蓄电池使用寿命终止的条件为蓄电池放电容量的 80%，所以应使用此时的容量作为初次选择的条件，则 $295.35/0.8 = 369.19$（W）。

5）根据蓄电池的技术资料选择适当的蓄电池。从表 3.14 找出型号 UXL220-2 可承受 387W（> 369.19W）功率的蓄电池，设计寿命为 15 年。

表 3.14　单体蓄电池在 1.67V 放电终止电压时放电的功率（W）

时间（min） 型号	1	5	10	15	20	25	30	35	40	45	60	120
UXL33-12	208	179	131	104	86.7	74.7	66.3	59.7	54.6	50.4	40.4	23
UXL44-12	277	239	175	138	116	99.6	88.4	79.6	72.8	67.2	53.8	30.7
UXL55-12	347	299	219	173	145	425	111	99.5	91	84	67.3	38.4
UXL66-6	416	369	263	207	173	149	133	119	109	101	80.7	46
UXL88-6	554	478	350	276	211	199	177	150	146	134	108	61.4
UXL110-6	693	598	438	345	289	249	221	199	182	168	135	76.7
UXL165-2	741	601	501	422	367	326	290	264	243	226	191	116
UXL220-2	987	801	669	563	489	434	387	352	323	302	254	154
UXL330-2	1481	1201	1003	844	733	651	580	526	486	452	381	231
UXL550-2	2468	2002	1671	1406	1222	1085	967	879	810	753	635	386
UXL110-2	4937	4003	3343	2813	2444	1170	1933	1757	1618	1506	1270	771
UXL1550-2	7405	6005	5014	4219	3666	3255	2900	2636	2429	2259	1905	1157
UX2200-2	9874	8006	6686	5626	4888	4340	3866	3514	3238	3012	2540	1542
UX3300-2	14811	12009	10029	8439	7332	6510	5799	5271	4857	4518	3810	2313

3.3.4　安装步骤及要求

1. 验收

蓄电池到货后应及时进行外观检查,因外观缺损往往会影响产品的内在质量。

根据蓄电池的出厂时间确定是否需要进行充电,并进行端电压检查和容量测试、内阻测试。如果蓄电池到货后只进行外观检查,不根据蓄电池的出厂时间进行充电就储存,那么常温下储存时间超过 6 个月(温度高于 33℃时为 3 个月),蓄电池的技术性能指标肯定降低,甚至不能使用。

2. 安装

蓄电池安装工作的质量直接影响蓄电池系统运行的可靠性,所以必须由经过培训的人员来完成蓄电池的安装工作。蓄电池在搬运时切勿提拉极柱,以免损伤蓄电池。安装蓄电池间连接器前,必须单体排列整齐,以免极柱密封发生泄漏,导致蓄电池连接器发生腐蚀。安装时不能使用任何润滑剂或接触其他化学物品,以免侵蚀壳体,造成外壳破裂和电解液泄漏。蓄电池的安装技术条件如下。

在安装蓄电池前,应彻底检查蓄电池的外壳,确保没有运输或其他物理损坏。对于有润状的可疑点,可用万用表一端连接蓄电池极柱,另一端接湿润处,如果电压为 0V,说明外壳未破损;如果电压大于 0V,则说明该处存在酸液,要进一步仔细检查。

蓄电池应尽可能安装在清洁、阴凉、通风、干燥的地方,并避免受到阳光直射,远离加热器或其他辐射热源。在具体安装中,应当根据蓄电池的极板结构选择安装方式,不可倾斜;蓄电池间应有通风措施,以免因蓄电池损坏产生可燃气体引起爆炸及燃烧。因为蓄电池在充、放电时都会产生热量,所以蓄电池与蓄电池的间距一般大于 50mm,以保证蓄电池散热良好。同时,蓄电池间连线应符合放电电流的要求。对于并联蓄电池组的连线,其阻抗应相等,不使用过细或过长连线用于蓄电池和充电装置及负载的连接,以免电流在传导过程中在线路上产生过大的电压降和由于电能损耗而产生热量,给安全运行埋下隐患。

在安装蓄电池前,应验证蓄电池生产与安装使用之间的时间间隔,并逐只测量蓄电池的开路电压。蓄电池一般要在生产完成 3 个月以内投入使用，如果搁置时间较长，那么开路电压将会很低，此时该蓄电池不能直接投入使用，而应先对其进行充电后再使用。安装后应测量蓄电池组电压，采用数字表直流挡测量蓄电池组电压，应有 $U_总 \geq N \times 12$（V）（N 为串联的蓄电池只数，相对于 12V 蓄电池）；如果 $U_总 < N \times 12$（V），应逐只检查蓄电池；如果蓄电池组为两组蓄电池串联后再并联连接，在连接前应分别测量两组电压，应有 $U_{总1} \geq N \times 12$（V）及 $U_{总2} \geq N \times 12$（V）（N 为并联支路串联的蓄电池只数）。两路蓄电池组端电压误差应在允许范围内。

蓄电池组不能采用新老结合的组合方式，而应全部采用新蓄电池或全部采用原为同一组的旧蓄电池，以免新、老蓄电池工作状态之间不平衡，影响所有蓄电池的使用寿命及效能。对于不同容量的蓄电池，绝对不可以在同一组中串联使用，否则在进行大电流放电或充电时存在安全隐患。

蓄电池的极柱在空气中会形成一层氧化膜，在安装前需要用铜丝刷清刷极柱连接面，以减小接触电阻。

串联的蓄电池回路应设有断路器以便维护，并联的蓄电池组最好每组有一个断路器，便于日后维护更换操作。

要使蓄电池与充电装置和负载之间，各组蓄电池正极与正极、负极与负极的连线长短尽量一致，以在大电流放电时保持蓄电池组间的运行平衡。

蓄电池组的正、负极汇流板与单体蓄电池汇流排间的连接应牢固可靠。新安装的蓄电池组应进行核对性放电试验，以后每隔 2～3 年进行一次核对性放电试验。运行 6 年的蓄电池组，每年进行一次核对性放电试验。若经过 3 次核对性放、充电，蓄电池组容量均达不到额定容量的 80%以上，则可以认为此组蓄电池寿命终止，应予以更换。

蓄电池安装后的检测项目包括安装质量、容量试验、内阻测试及相关的技术资料等多个方面。这些方面均会直接影响蓄电池日后的运行和维护工作。检测时，首先需要对被测蓄电池的原理、结构、特性各参数技术指标进行全面熟悉。为了安全准确地完成蓄电池安装后的检测工作，用户可根据自身现有的设备及技术条件，选择最合适的蓄电池测试仪器进行检查、测试和比较。

（1）容量测试。用被测蓄电池的电流对负载进行规定时间的放电确定其容量，以确定蓄电池在寿命周期中所处的位置，这是最理想的方法。新安装的系统必须将容量测试作为验收测试的一部分。

（2）掉电测试。用实际在线负载来测试蓄电池系统，通过对测试结果的分析，可以计算出一个客观准确的蓄电池容量及大电流放电特性。在测试时，应尽可能接近或满足放电电流和时间的要求。

（3）内阻测试。内阻是蓄电池状态的最佳标志。这种测试方法虽然没有负载测试那样绝对，但通过测量内阻至少能检测出 80%～90%有问题的蓄电池。

第4章
动力环境监测系统

4.1　系统组成及组件原理

4.1.1　系统组成

机房动力环境监测系统通常由监控中心、数据采集、传输网络、软件平台等核心部分组成。

1. 监控中心

作为整个监控系统的"大脑"，监控中心负责数据的接收、处理、存储、显示及报警管理。监控中心通常配置有服务器、监控软件、大屏幕显示系统等，便于管理人员直观掌握机房状况。

2. 数据采集

各类传感器和数据采集设备，如温湿度传感器、电流电压传感器、漏水检测器、烟雾探测器、门磁开关、摄像头等，它们分布在机房的各个角落，实时监测并采集动力设备和环境的实时数据。

3. 传输网络

传输网络负责将前端采集的数据传送到监控中心，确保数据传输的实时性和准确性。

4. 软件平台

软件平台提供友好的用户界面和强大的数据处理能力，支持数据展示、报警管理、历史数据分析、权限管理、远程访问等功能。

4.1.2　组件原理

传感器和变送器是现代工业自动化、监测系统及各种智能设备中不可或缺的组件，它们是电源集中监控系统中的两个核心器件。

1. 传感器

传感器是一种检测装置，能够感受到被测量的信息，并将这些信息转换成电信号或其他所需形式的信息输出，以满足信息传输、处理、存储、显示、记录和控制等需求。简而言之，传感器负责直接与被测对象交互，捕捉物理世界中的现象（如温度、压力、光照、声音、速度等），并将其转化为可测量的电信号。

传感器的工作过程分为以下三个阶段：

（1）感知阶段：传感器通过敏感元件直接接触或接近被测对象，感受特定的物理、化学或生物量。

（2）转换阶段：接收到的信息被转换元件转换为电信号（电压、电流、频率等）或其他形式的能量输出。

（3）输出阶段：转换后的信号通常需要进一步处理才能被控制系统或仪器识别，因此传感器输出的是与被测量成一定关系的电信号。

传感器通常由敏感元件和转换元件组成，实现对特定物理、化学或生物量的检测和信号转换，如图 4.1 所示。

图 4.1　传感器的组成原理

敏感元件是传感器的核心部分，直接与被测量的物理量或环境相互作用。敏感元件的性质会随被测量的变化而变化，这种变化可以是电阻、电容、电感、磁导率、光学特性等物理参数的变化。例如，热敏电阻的电阻值会随温度变化而变化。

转换元件的作用是将敏感元件感受到的物理变化转换为电信号（如电压、电流）或其他形式的能量输出。这一过程涉及能量形式的转变，确保信号可以被电子系统识别和处理。例如，应变片可以将机械应力转换为电阻变化，随后通过惠斯登电桥转换为电压信号。

2. 变送器

变送器在传感器的基础上更进一步，它不仅进行传感，还对传感器输出的信号进行放大、转换和标准化处理，以便于远距离传输或与控制系统（如 PLC、DCS）兼容。变送器的主要目的是提高信号的稳定性和可靠性，确保信号能够在复杂的工业环境中准确无误地传输到控制室或监控系统。

变送器的工作过程分为以下三个阶段：

（1）接收阶段：变送器接收来自传感器的原始信号，这通常是一个较弱的电信号。

（2）处理阶段：对信号进行放大、线性化、滤波等处理，以增强信号质量，消除干扰，并将其转换为标准信号形式（如 4～20mA、0～10V 等），便于远程传输或与控制系统接口。

（3）输出阶段：处理后的标准信号被输出至控制系统或记录设备，实现远程监控和控制。

变送器的核心是信号调理电路，用于信号的调理、放大、转换及标准化输出。同时，因为变送器接收和输出的通常都是电信号，这两种电信号既需要在量值上保持一定的函数关系，又不能直接相通，所以其间的耦合隔离非常重要，如图 4.2 所示。

图 4.2　变送器的组成原理

4.2　功能要求及指标要求

4.2.1　总体架构

1. 平台集中部署

系统应采用主备双机方式部署一套主站系统。

2. 数据集中处理

所有通信电源监测数据应送至集中系统进行统一处理，并通过标准接口与通信管理系统进行互联。集中系统、监测单元、监控模块及其他通信电源监测系统应采用标准接口进行数据互联。

3. 应用分级开展

各级通信监视部门及单位配置监测终端，通过集中系统开展应用工作，如图 4.3 所示。

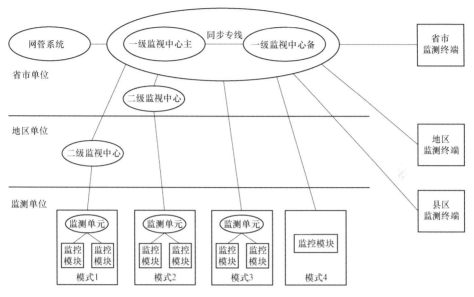

图 4.3　通信电源集中监测系统架构图

4.2.2　系统功能

动力环境监测系统应能实时监测通信电源运行状态及环境温湿度，记录相关数据，及时侦测故障，实现在线监测及运维巡检等功能。其中数据采集、告警管理、资源管理、工况监视、权限管理为系统必备功能，如图 4.4 所示。

1. 数据采集

依据监测指标规范要求的采集点位进行告警、性能、配置采集，并实时存储、展示。

2. 告警管理

告警监视主页面是实时监视的重要手段，应包括但不限于以下功能：① 应能直观展示当前所有告警列表，告警信息包括告警时间、名称、级别、设备名称、地点位置等；② 应能直接推送紧急告警画面，直观显示不同等级告警数量，能够通过告警等级筛选告警列表；③ 应能通过告警列表进行告警确认，并快速链接查询告警设备的详细监视信息；④ 应能根据告警源、告警级别等组合条件进行分类查询。告警规则可定制调整，提供不同等级告警声音提示。

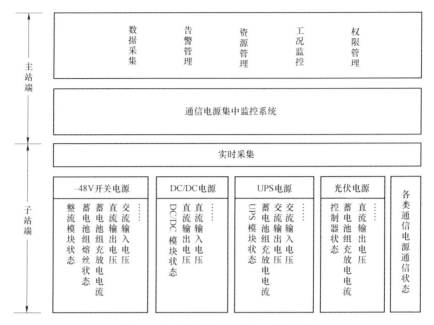

图 4.4 动力环境监测系统功能架构图

3. 资源管理

数据应遵循一次录入、多系统共享原则，集中系统对设备标准名称进行维护，其他数据与通信管理系统进行共享。应能对设备 IP 地址、监测点位进行维护管理。

4. 工况监视

应能对服务器 CPU、内存、磁盘、进程等信息进行监视。应能对接口状态、监测单元工况进行监视。

5. 权限管理

应支持分权、分域管理。根据用户角色、区域，分配功能及数据权限。

4.2.3 监测指标

常用通信电源分为四类，包括 −48V 高频开关电源、通信专用 DC/DC 变换电源、通信专用 UPS 电源、电力通信站光伏电源，这些监测对象的核心监测指标如下。

（1）−48V 高频开关电源核心监测指标应包括：交流输入电压、整流输出电压、蓄电池组充放电电流、蓄电池组熔丝状态、整流模块状态、通信状态。

（2）通信专用 DC/DC 电源系统核心监测指标应包括：直流输入电压、直流输出电压、DC/DC 模块状态、通信状态。

（3）通信专用 UPS 电源系统核心监测指标应包括：交流输入电压、交流输出电压、蓄电池组充放电电流、UPS 模块状态、通信状态。

（4）光伏电源系统核心监测指标应包括：直流输出电压、蓄电池组充放电电流、控制器状态、通信状态。

根据各类核心监测指标阈值、重要性等因素，设置告警等级，分为紧急、重要、次要、提示四个告警等级。用户应根据具体的设备及运维要求，设置具体的告警类型及指标阈值。

4.3　安装要求及步骤

4.3.1　安装原则

1. 设备安装原则

（1）设备安装位置不影响其他设备的操作、维护，不占据通道和设备预留位置。

（2）安装位置不影响设备的正常运行，尽量远离热源、电磁场等辐射源、易浸漏水位置（水浸探头除外）、电源进/出线口。

（3）模块位置选择要放在采集量集中的区域，并有利于布线，且不超过各类通信端口的最大通信距离。

（4）传感器、变送器的安装位置应能真实地反映测量值，不易受其他因素的影响。

2. 布线原则

（1）线缆铺设时应沿着线槽或者线管，不影响机房的整体美观。

（2）线缆铺设时应使用扎带固定，绑扎时应整齐美观、工艺良好。

（3）线缆拐弯处要有弧度、不受力，拐弯半径是线径 6 倍以上。

3. 防雷接地原则

系统设备接地采用就近接地原则，所有设备的接地线尽量短、直，中间无接续。

4.3.2 安装工艺及要求

1. 主监控单元

（1）主监控单元为标准 1U 设备，一般安装到机柜的上部或底部，以不影响其他设备安装、维护为主要原则。

（2）固定设备耳朵的螺丝必须齐全，每台设备必须采用 4 个铜卡螺丝固定；监控单元若本身深度较长，应在监控单元下方固定两个直角支撑或托盘，以保证设备安装的牢固和美观。

（3）电源线缆应从机柜右后侧入柜，信号线缆从左后侧入柜。线缆敷设至监控单元下方两侧至机柜前端，在监控单元下方安装一个绑线架，线缆接好后用扎带绑扎在绑线架上。对于监控单元，安装时应保持水平，不倾斜，牢固固定，安装完毕后保证设备清洁无损伤。

（4）线缆接头要压接牢固，与设备连接必须紧固。

（5）地线的两端接线端子要压接牢固，利用热缩套管缩封处理。

2. 温湿度传感器

（1）安装位置合理，温湿度传感器应安装在能稳定反映机房环境温湿度的位置，不能安装在下述位置：门边，正对空调进、出风口位置，窗户附近，靠近水蒸气和挥发油气附件，设备出风口等发热源附件。

（2）安装的高度要便于维护，一般安装在离地 150cm 附近。

（3）必须使用抬高底座，保证传感器探头受到墙体的温度辐射最小。

（4）探头与变送器间距离不能超过传送距离。

（5）数字温湿度采用单总线方式接入时，数量不宜超过 4 个，采用 RS－485 方式接入时，数量不宜超过 8 个。数字温湿度对工作电压要求较高，为避免压降，总线方式接入且采用 4 芯屏蔽线时，DTH 距采集单元不宜超过 20m。

3. 烟雾探测器

（1）每个房间至少配置一个探测器，如需在同一个房间安装多个烟雾传感器，可以采用并联的方式安装，但并联的探测器数目不宜超过 5 个。不同房间的探测器不得并联共用一个 DI 口。

（2）安装烟雾探测器过程中，前端探头的塑料罩杯严禁打开，以防施工过程尘土污染，影响灵敏度。安装完成后，测试时不允许用烟头、火苗直接熏燎，应使用专用工具或管吹测试。

（3）机房内烟雾探测器一般在机房中心吸顶安装，以防屋顶漏水时沿膨胀螺栓滴入开关电源内部引起短路。

（4）烟雾探测器不能安装在如下位置：有较大粉尘、水雾、蒸汽、油雾污染、腐蚀气体的场所，空调出入风口附近，屋梁旁边。探测器至空调送风口边的水平距离不应小于 1.5m，距离多孔送风顶棚孔口的水平距离不应小于 0.5m。探测器距离墙壁，梁边的水平距离不得小于 0.5m。

4. 水浸传感器

（1）水浸传感器的安装位置选择：一般安装在安装箱内或者墙壁固定安装，避免安装在易磕碰位置，需采用导轨卡装或两个以上螺钉对角固定。

（2）水浸电极的安装位置选择：一般安装在机房里面地势较低或靠近空调的地方，距地面高度约 3mm。安装位置应不妨碍机房里人员的走动，同时不影响机房整体的美观。对于 2 层以上的机房，水浸传感器主要用于判断空调是否漏水，此时应当同空调维护人员协商，将传感器放置在空调冷凝水、空调进出水管等易发生漏水的地方。

（3）水浸探测电缆的安装位置选择：当水浸电极采用带状探测电缆时，安装时选择干燥、平整的地面，一般安装在大型精密空调下、空调加湿器周围、供水管下等可能会漏水的地面；机房如有防静电地板，需安装在防静电地板下。

（4）水浸传感器测试时，应用水杯距传感器 5cm 处倒水，让水缓慢流过传感器，检测其告警是否正常。

（5）其他要求事项：

1）水分不得进入水浸传感器内部。

2）探头不得接近化学试剂、油等物质，勿在结冰、高温下使用。

3）水浸传感器及导线应远离高压电、热源等。

4）水浸电极与传感器之间的连接电缆采用 BVVP2×2×7/0.15 电缆，最长不能超过 35m。

5. 门磁传感器

（1）磁铁部分与开关部分对齐平行安装，两者间距不得超过 5mm；门磁安装位置靠近门开侧，距门开侧的门框 5cm。

（2）门楣上线槽要注意美观，线槽与门磁开关的距离尽量小，无线槽保护的线缆应缠绕绕管固定。

（3）对于双开门或推拉门，应配两个门磁；如果只配备一个门磁，应关闭固定一扇门，门磁安装在另一扇的活动门上。

6. 蓄电池总电压采样

（1）采样位置必须在蓄电池组正、负极汇接排或电缆上，使用焊接有 PTC 保险管的 U 形电池夹采样。U 形电池夹需固定在第 1 节和最后 1 节电池的汇接排或电缆上。

（2）电池夹安装固定牢固，与电池汇接排或电缆接触良好。

（3）禁止接在单体电极螺杆上，不允许在开关电源的正负母排上采样。

（4）要求使用二芯电源线作为采样线。

4.3.3　标签要求

（1）设备应标注清楚各设备名称、编号。

（2）设备内部和设备之间的所有连线、插头应贴有标签，并注明该连线的起始点和终止点，不能有手写标签。

（3）所有电缆和告警线应贴有线缆名称标签，除地线外其余要注明该连线的去向。对于每对告警线所代表的告警内容，要在控制箱盖板背后的标签纸上注明。

（4）所有的开关应注明所供电的设备、机柜。

（5）所有直接粘贴于线缆上的标签，在不会误解其表达意思的情况下，标注内容需尽量简明，且标签要预留一定的空白宽度，以便可以重叠缠绕增加牢固度，避免用透明胶缠绕粘贴。

4.3.4　验收要求

验收工作包括现场安装验收和动环监控系统功能验收，需由工程建设单位和工程监理、施工单位同时参与，验收结果需要共同签字确认。

现场安装验收需检查确认项目施工站点设备及传感器明细和数量，检查确认施工站点工艺，确认设备及传感器稳固，走线用扎带固定，具体要求见表 4.1。

表 4.1　　　　　　　　　动环设备安装工艺质量验收表

设备类别	检查内容	是否合格	备注
采集模块	位置合理性：不允许安装在壁挂式空调和窗户的下方、电源进出线口附近、变压器整流器等热源散热口		
	安装工艺性：模块底边应与地板或天花板平行，且固定牢靠；模块单独在基站铜排上接保护地		
	外观：设备表面整洁，无污损、明显漆面脱落等现象；线槽表面整洁		
	布线：线缆绑扎整齐，线扣修剪齐整，标签齐全；线色符合规范；无裸露铜线		
温湿度传感器	位置合理性：安装在能稳定反映机房环境温湿度的位置		
	安装工艺性：安装牢固可靠，不能直接用手扳动		
水浸传感器	位置合理性：安装位置能够监测门窗或空调等是否漏水		
	接线：传感器与信号线接驳处牢靠，中间不能有接头		
烟感传感器	位置合理性：一般位于机房中心吸顶安装，安装牢固可靠		
	安装工艺性：走线遵循"沿顶、靠墙、绕梁"原则，严禁就近沿吊脚架走线到房顶，不能用线卡等其他的方式		
整体要求	（1）设备位置不影响机房整体的美观协调。 （2）因施工对原环境有破坏或改动的位置已还原。 （3）标号笔在墙上或设备上划线痕迹需擦除。 （4）设备已擦拭干净。 （5）卫生已打扫，没有施工垃圾遗留		

　　功能性验收需检查确认软件系统上运维站点明细及数量，查看遥信、遥测等数据是否能够正常显示，并对断电、水浸、烟感等进行测试，查看告警情况，对站址动力环境功能进行检查。

4.3.5　接线图

　　监控主机接线图，交直流采集模块、直流电流采集模块、温湿度采集模块接线图，电池综合采集模块接线图分别如图 4.5～图 4.7 所示。

4.3.6　安装步骤

　　安装时应先对现场环境进行勘察，确认作业现场机柜、电源、接地等都符合要求后，按照动环监控主机安装（见图 4.8）、采集模块安装（见图 4.9）、线缆连接（见图 4.10）、功能测试（见图 4.11）的顺序开展安装作业。

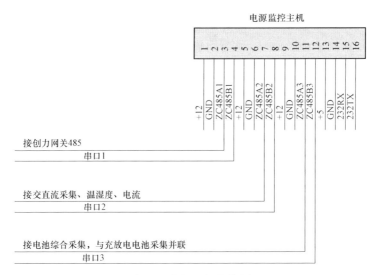

图 4.5　监控主机接线图

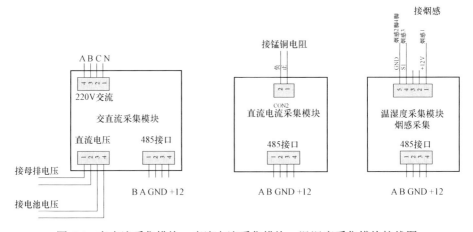

图 4.6　交直流采集模块、直流电流采集模块、温湿度采集模块接线图

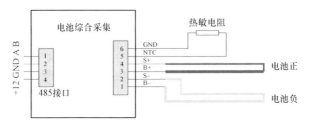

图 4.7　电池综合采集模块接线图

图 4.8   安装动环监控主机

图 4.9   安装电压采集模块

图 4.10   动环监控主机接线

图 4.11   测试信号采集是否正常

4.4   通信接口与通信协议

在电源监控系统中，监控主机与传感器、传感器与被监控的设备之间，通常采用 RS-232、RS-485、RS-422 等接口实现信号的传输。

4.4.1   RS-232

计算机与计算机或计算机与终端之间的数据传送可以采用串行通信和并行通信两种方式。由于串行通信方式具有使用线路少、成本低，在远程传输时避免了多条线路特性的不一致，因而被广泛采用。

在串行通信时，要求通信双方都采用一个标准接口，使不同的设备可以方便地连接起来进行通信。RS-232-C 接口（又称 EIA RS-232-C）是目前最常用的一种串行通信接口。

RS-232-C 是美国电子工业协会 EIA（Electronic Industry Association）制定的一种串行物理接口标准。RS 是英文"推荐标准"的缩写，232 为标识号，C 表示修改次数，代表 RS-232 的最新一次修改（1969），在这之前，有 RS-232B、RS-232A。它是在 1970 年由美国电子工业协会（EIA）联合贝尔系统、调制解调器厂家及计算机终端生产厂家共同制定的用于串行通信的标准。它的全名是"数据终端设备（DTE）和数据通信设备（DCE）之间串行二进制数据交换接口技术标准"。

1. 电气特性

EIA-RS-232C 对电器特性、逻辑电平和各种信号线功能都做了规定。

（1）在 TxD 和 RxD 上：逻辑 1（MARK）= $-3\sim-15V$，逻辑 0（SPACE）= $+3\sim+15V$。

（2）在 RTS、CTS、DSR、DTR 和 DCD 等控制线上：信号有效（接通，ON 状态，正电压）= $+3V\sim+15V$，信号无效（断开，OFF 状态，负电压）= $-3V\sim-15V$，根据设备供电电源的不同，±5、±10、$\pm12V$ 和 $\pm15V$ 这样的电平都是可能的。

2. 机械特性

由于 RS-232C 并未定义连接器的物理特性，因此，出现了 DB-25、DB-15 和 DB-9 各种类型的连接器，其引脚的定义也各不相同。DB-9 连接器的母头和公头如图 4.12 所示。使用较多的 RS-232 管脚和信号的分配见表 4.2。

图 4.12　DB-9 母头（左）和公头（右）

表 4.2　　　　　　　　　　RS−232 信号管脚分配

信号	DB−25	DB−9	EIA/TIA	Yost	RJ45−1	RJ45−2	RJ45−3
公共地	7	5	4	4,5	4,5	4,5	6
发送数据（TD）	2	3	6	3	6	3	3
接收数据（RD）	3	2	5	6	2	6	5
数据终端准备（DTR）	20	4	3	2	7	2	2
数据准备好（DSR）	6	6	1	7	2	7	7
请求发送（RTS）	4	7	8	1	8	1	1
清除发送（CTS）	5	8	7	8	1	8	8
数据载波检测（DCD）	8	1	2	7	—	—	—

信号的标注是从 DTE 设备的角度出发的，TD、DTR 和 RTS 信号是由 DTE 产生的，RD、DSR、CTS、DCD 和 RI 信号是由 DCE 产生的。

PC 机的 RS−232 口为 9 芯针插座。一些设备与 PC 机连接的 RS−232 接口，因为不使用对方的传送控制信号，则只需 3 条接口线，即"发送数据 TXD""接收数据 RXD"和"信号地 GND"。

双向接口只需要 3 根线制作，是因为 RS−232 的所有信号都共享一个公共接地。非平衡电路使得 RS−232 非常容易受两设备间基点电压偏移的影响。对于信号的上升期和下降期，RS−232 也只有相对较差的控制能力，很容易发生串话的问题。RS−232 被推荐在短距离（15m 以内）间通信。由于非对称电路的关系，RS−232 接口电缆通常不是由双绞线制作的。

3. 链路特性

在 RS−232 标准中，字符是以一系列位元来一个接一个的传输。最常用的编码格式是异步起停格式，它使用一个起始位后面紧跟 7 或 8 个数据比特，这个可能是奇偶位，然后是两个停止位。所以发送一个字符需要 10 比特，带来一个好的效果是使全部的传输速率，发送信号的速率以 10 分划。

串行通信在软件设置里需要做多项设置，最常见的设置包括波特率、奇偶校验和停止位。波特率是指从一设备发到另一设备的波特率，即每秒钟多少比特。典型的波特率是 300、1200、2400、9600、19200bit/s。一般通信两端设备都要设为相同的波特率，但有些设备也可以设置为自动检测波特率。

奇偶校验是用来验证数据的正确性。奇偶校验一般不用，如果使用，则既可以做奇校验也可以做偶校验。奇偶校验是通过修改每一发送字节（也可以限制发送的字节）来工作的。如果不做奇偶校验，那么数据是不会被改变的。在偶校验中，因为奇偶校验位会被相应的置 1 或 0（一般是最高位或最低位），所以数据会被改变，以使得所有传送的数位（含字符的各数位和校验位）中"1"的个数为偶数；在奇校验中，所有传送的数位（含字符的各数位和校验位）中"1"的个数为奇数。奇偶校验可以用于接收方检查传输是否发送错误，如果某一字节中"1"的个数发生了错误，那么这个字节在传输中一定有错误发生。如果奇偶校验是正确的，说明没有发生错误或者发生了偶数个错误。

4.4.2　RS-485

针对 RS-232 串口标准的局限性，人们又提出了 RS-422、RS-485 接口标准。RS-485/422 采用平衡发送和差分接收方式实现通信：发送端将串行口的 TTL 电平信号转换成差分信号 A、B 两路输出，经过线缆传输之后在接收端将差分信号还原成 TTL 电平信号。由于传输线通常使用双绞线，又是差分传输，所以有极强的抗共模干扰能力。总线收发器灵敏度很高，可以检测到低至 200mV 电压。通常在通信距离为几十米至上千米时，广泛使用 RS-485 收发器。

1. 电气特性

（1）驱动器能输出 + -7V 的共模电压。

（2）接收器的输入电阻 $R_{IN} \geqslant 12k\Omega$。

（3）输入端的电容≤50pF。

（4）在节点数为 32 个，配置了 120Ω 终端电阻的情况下，驱动器至少还能输出电压 1.5V（终端电阻的大小与所用双绞线的参数有关）。

发送端：逻辑"1"以两线间的电压差为 +（2~6）V 表示；逻辑"0"以两线间的电压差为 -（2~6）V 表示。

接收器的输入灵敏度为 200mV［即（V+）-（V-）≥0.2V，表示信号"0"；（V+）-（V-）≤-0.2V，表示信号"1"］。

2. 传输速率与传输距离

RS-485 的数据最高传输速率为 10Mbit/s，最大的通信距离约为 1219m，传输速率与传输距离成反比，在 10kb/s 的传输速率下，才可以达到最大的通信距离。

由于 RS-485 常常要与 PC 机的 RS-232 口通信，所以实际上一般最高 115.2kbit/s。又由于太高的速率会使 RS-485 传输距离减小，所以往往在

9600bit/s 左右或以下。

3. 网络拓扑

RS-485 接口是采用平衡驱动器和差分接收器的组合，抗共模干扰能力增强，即抗噪声干扰性好。RS-485 采用半双工工作方式，支持多点数据通信。

RS-485 总线网络拓扑一般采用终端匹配的总线型结构。即采用一条总线将各个节点串接起来，不支持环形或星形网络。如果需要使用星形结构，就必须使用 485 中继器或者 485 集线器才可以。RS-485/422 总线一般最大支持 32 个节点，如果使用特制的 485 芯片，可以达到 128 个或者 256 个节点，最大的可以支持 400 个节点。

4.4.3　RS-422

RS-422 由 RS-232 发展而来。为改进 RS-232 通信距离短、速度低的缺点，RS-422 定义了一种平衡通信接口，将传输速率提高到 10Mbit/s，并允许在一条平衡总线上连接最多 10 个接收器。RS-422 是一种单机发送，多机接收的单向、平衡传输规范。

很多人往往都误认为 RS-422 串行接口是 RS-485 串行接口的全双工版本，实际上它们在电器特性上存在着不少差异。共模电压范围和接收器输入电阻不同，使得两个标准适用于不同的应用领域。RS-485 串行接口的驱动器可用于 RS-422 串行接口的应用中，因为 RS-485 串行接口满足所有的 RS-422 串行接口性能参数，反之则不能成立。对于 RS-485 串行接口的驱动器，共模电压的输出范围是 $-7V \sim +12V$ 之间；对于 RS-422 串行接口的驱动器，该项性能指标仅有 $\pm 7V$。RS-422 串行接口接收器的最小输入电阻是 $4k\Omega$；而 RS-485 串行接口接收器的最小输入电阻则是 $12k\Omega$。

RS-422 和 RS-485 的电气特性区别如下：

（1）RS-485 有 2 根信号线：发送和接收都是 A 和 B。由于 RS-485 的收与发是共用 2 根线，所以不能够同时收和发（半双工）。

（2）RS-422 有 4 根信号线：2 根发送（Y、Z）、2 根接收（A、B）。RS-422 的收与发是分开的，所以可以同时收和发（全双工）。

（3）支持多机通信的 RS-422 将 Y-A 短接作为 RS-485 的 A、将 RS-422 的 Z-B 短接作为 RS-485 的 B，可以这样简单转换为 RS-485。

第5章
电力通信电源系统运维检修要点

5.1 运 行 维 护

5.1.1 运行维护要点

（1）独立通信站应在电力调度备案并列入重点保证供电的用户单位。变电站交直流系统计划停电和停电时应提前告知通信运维部门。

（2）−48V 高频开关电源系统交流配电屏不宜接入包括机房空调等大功率负载，除高频开关电源以外的其他交流负载如需接入，应核对系统容量、开关上下级匹配情况是否满足接入条件。

（3）各级通信调度应将通信站动力环境监测纳入日常监控，并实行 7×24 小时运行监视。

（4）调度大楼通信站每日至少进行一次巡视，变电站内的通信电源应纳入变电站统一日常巡视范围，通信运维人员每季度至少进行一次通信电源设备专业巡视。巡视要求参见表 5.1。

表 5.1　　　　　　　　　通信电源巡视要求

巡视项目	巡视内容	巡视方法	变电站统一日常巡视	通信专业巡视
机房环境	机房及蓄电池室环境是否符合规定	查看温湿度计	√	√
	蓄电池室通风、照明及消防设备是否完好	目测	√	√
	检查机房及蓄电池室有无易燃、易爆物品	目测	√	√
−48V 高频开关电源屏	检查设备当前有无异常告警	查询监控单元	√	√
	检查均充、浮充工作时的参数设置，设定值应与运维资料相符	查询监控单元	—	√
	检查各个整流模块的电流是否均分，均流不平衡度是否满足要求	查询监控单元	—	√
	用万用表、直流钳形表测量交流输入电压、直流输出电压、直流输出电流等，并与监控单元、表计显示核对，误差不超过 0.5%（直流）、1.0%（交流）	仪表检测	—	√

巡视项目	巡视内容	巡视方法	变电站统一日常巡视	通信专业巡视
−48V 高频开关电源屏	整流模块的表面、进出风口、风扇及过滤网是否堵塞	清洁	—	√
	检查防雷器件表面是否平整、光洁，无划伤，无裂痕和烧灼痕或变形，状态指示是否正常	目测	—	√
	检查各种断路器、熔断器插接件、接线端子等部位是否接触良好，无松动、电蚀现象	目测	—	√
	检查高频开关电源屏的保护地接至机房环形接地铜排的接线是否可靠	目测	—	√
	检查馈电母线、电缆及软连接线等应连接可靠，线缆应无老化、刮伤、破损等现象	目测	—	√
	检查设备标识是否清晰，标识无脱落	目测	—	√
交、直流配电屏	检查承载负荷的各断路器是否在投运状态	目测	√	—
	用万用表、直流钳形表测量交、直流电压、电流与监控和表计的显示是否一致，误差不超过 0.5%（直流）、1.0%（交流）	仪表检测	—	√
	检查防雷器件表面是否平整、光洁，无划伤，无裂痕和烧灼痕或变形，状态指示是否正常	目测	—	√
	检查交、直流配电屏的保护地接至机房环形接地铜排的接线是否可靠	目测	√	—
	检查设备标识是否清晰，标识无脱落	目测	—	√
通信专用 UPS 电源	检查设备当前有无异常告警	查询监控单元	—	√
	检查通信专用 UPS 电源运行有无异常噪声	目测	—	√
	检查通信专用 UPS 电源处于正常运行方式：整流器、逆变器投入运行。均充、浮充工作时的参数设置，设定值应与运维资料相符	查询监控单元	—	√
	用万用表、直流钳形表测量交、直流电压、电流，并核对数值与监控和表计的显示是否一致，误差不超过 0.5%（直流）、1.0%（交流）	仪表检测	—	√
	UPS 主机进出风口、风扇及过滤网或通风栅格等	清洁	—	√
	检查防雷器件表面是否平整、光洁，无划伤，无裂痕和烧灼痕或变形，状态指示是否正常	目测	—	√
	检查各种断路器、熔断器插接件、接线端子等部位应接触良好，无松动，无电蚀	目测	—	√
	检查 UPS 主机保护地至环形接地铜排的接线是否可靠	目测	—	√
	检查馈电母线、电缆及软连接线等应连接可靠，线缆应无老化、刮伤、破损等现象	目测	—	√
	检查设备标识是否清晰，标识有无脱落	目测	—	√

巡视项目	巡视内容	巡视方法	变电站统一日常巡视	通信专业巡视
通信蓄电池	用万用表测量蓄电池组总电压及各单体电压是否正常，与电池巡检仪或通信监控值是否一致，误差不超过 5%	仪表检测	—	√
	蓄电池外壳无变形、裂纹或泄漏，极柱与安全阀周围无渗液、结晶	目测	√	√
	蓄电池各连条连接是否牢靠，无松动和腐蚀现象	目测	√	√
	检查蓄电池柜（蓄电池架）保护地至蓄电池室环形接地铜排的接线是否可靠	目测	—	√
	检查蓄电池编号及极性标志正确且清晰	目测	—	√
	检查蓄电池组电缆标识清晰，标识无脱落	目测	—	√
通信电源监控	检查监控采集设备运行指示灯是否正常，是否有告警	目测	√	√
	检查蓄电池各采集点接触是否可靠	目测	—	√
	检查各个监控采集设备的电源、接地、信号等接点是否可靠	目测	—	√
	设备接地是否连接牢固可靠	目测	—	√

（5）通信电源检修的计划、申请、审批及实施等工作应遵守 Q/GDW 720—2012《电力通信检修管理规程》的管理流程要求，现场作业的前期准备工作、作业文本、作业流程、通用作业规范、作业终结等应遵守 Q/GDW 10721—2020《电力通信现场标准化作业规范》的作业要求。通信电源定期试验要求见表 5.2。

表 5.2 通信电源定期试验要求

定期试验项目	定期试验内容	定期试验方法	周期
−48V 高频开关电源屏	操作交流输入开关通/断，进行充电装置交流输入或交流配电屏输入切换试验，两路交流输入应能正常切换	手动操作	每季
	结合定期巡视检查防雷器件，发现问题及时更换	目测	每年
	使用接地电阻测试仪测量高频开关电源屏的工作地和保护地接至机房环形接地铜排的连接电阻，高频开关电源屏与接地铜排之间的连接电阻值不大于 0.1Ω	仪表检测	每年
	对电源整流模块进行容量测试，发现问题及时更换	仪表检测	每年
交、直流配电屏	对交、直流电源负载分配图与现场负载进行校核，图实应一致	核对、记录	专项检查
	结合定期巡视检查防雷器件，发现问题及时更换	手动操作	每年
	使用接地电阻测试仪测量交、直流配电屏的保护地接至机房环形接地铜排的连接电阻，配电屏与接地铜排之间的连接电阻值不大于 0.1Ω	仪表检测	每年

定期试验项目	定期试验内容	定期试验方法	周期
通信专用 UPS 电源	操作交流输入开关通/断，进行一次充电装置交流输入切换试验，两路交流输入应能正常切换	手动操作	每季度
	操作逆变器开关，进行一次旁路切换试验，当断开交流主路输入、直流输入时，UPS 电源应自动切换至旁路电源供电，切换时间应与出厂验收指标一致	手动操作	每年
	利用实际负载，进行蓄电池放电试验。蓄电池放电容量应符合要求	仪表检测	每季度
	使用接地电阻测试仪测量 UPS 主机的保护地接至机房环形接地铜排的连接电阻，UPS 与接地铜排之间的连接电阻值不大于 0.1Ω	仪表检测	每年
通信蓄电池	使用万用表测量蓄电池组电压及单体蓄电池电压（精确到毫伏级）。蓄电池组电压应符合规定，单节电压偏差应符合规定	仪表检测	每季度
	新安装的阀控蓄电池组应进行容量试验，蓄电池容量应符合要求	仪表检测	投运前
	应进行核对性放电试验，蓄电池容量应符合要求	仪表检测	每隔 2 年
	运行年限超过 4 年的阀控蓄电池，应进行全核对性放电试验，蓄电池容量应符合要求	仪表检测	每年

（6）对通信电源进行春、秋季安全检查及重大保电等活动中的安全检查工作时，应满足 Q/GDW 756—2012《电力通信系统安全检查工作规范》的要求，主要包括电源系统检查、整流设备检查、蓄电池组检查、交直流分配屏检查和太阳能电源检查。

（7）定期和专项安全检查时，应结合通信站内实际负载的变化，核算一次电源系统开关容量和蓄电池总容量是否满足系统设计和负载正常运行要求；必要时应采取增加设备、扩容模块或负载调整等措施。

（8）每套−48V 高频开关电源系统、通信专用 UPS 系统等应有专门的应急处置预案。

（9）通信站应有电源系统图及交直流配电图，包含各级交直流馈线网络，注明各级交直流断路器的型号及容量等。

（10）通信电源设备运行时间达到 10 年，经状态评价及风险评估不满足生产运行要求的，应进行设备更换改造。

（11）阀控式铅酸蓄电池低于额定容量 80%，或使用年限达到 8 年，经状态评价及风险评估不满足生产运行要求的，应进行更换改造。

5.1.2 −48V 高频开关电源运行维护要点

1. 巡视

电力通信电源系统−48V 高频开关电源巡视要点如下：

（1）检查设备当前有无异常告警，检查历史告警记录。

（2）检查监控单元均充、浮充时的各项参数设置是否正常。

（3）检查各个整流模块的均流性能，使其输出负荷均分。

（4）测量交流输入电压、直流输出电压、直流输出电流等，检查其与监控单元、表计显示是否一致。

（5）清洁整流模块的表面、进出风口、风扇及过滤网或通风栅格等。

（6）每年雷雨季节前后，应检查防雷器件是否完好，发现故障及时更换。

（7）检查各种断路器、熔断器插接件、接线端子等部位应接触良好，无松动、电蚀，并处在正确位置。馈电母线、电缆及软连接线等应连接可靠，线缆应无老化、刮伤、破损等现象。

（8）检查高频开关电源工作地、保护地是否可靠接地。

（9）检查高频开关电源设备标识清晰，标识无脱落。

2. 定期试验

电力通信电源系统−48V 高频开关电源定期试验包括以下内容：

（1）每季度进行交流输入切换试验，两路交流输入应能正常切换。

（2）每年测量一次高频开关电源屏的工作地和保护地接至机房环形接地铜排的连接电阻。

5.1.3 通信专用 UPS 电源运行维护要点

1. 巡视

通信专用 UPS 电源巡视要点如下：

（1）检查通信专用 UPS 电源当前有无异常告警，检查历史告警记录。

（2）检查通信专用 UPS 电源运行有无异常噪声。

（3）检查通信专用 UPS 电源处于正常运行方式：整流器、逆变器投入运行，均充、浮充工作时的参数设置，设定值与实际值是否相符。

（4）测量交流（旁路）输入电压、交流输出电压、频率、相位、电流等，检查其与监控单元、表计显示是否一致。

（5）UPS 并联运行冗余系统，应定期检查负载均分性能。

（6）清洁 UPS 主机进出风口、风扇及过滤网或通风栅格等。

（7）每年雷雨季节前和雷雨季节后，应检查防雷器件是否完好，发现故障及时更换。

（8）检查各种断路器、熔断器插接件、接线端子等部位是否接触良好，有无松动及电蚀现象；馈电母线、电缆及软连接线等是否连接可靠，线缆是否出现老化、刮伤、破损等现象。

（9）检查通信专用 UPS 电源设备机壳是否可靠接地。

（10）检查通信专用 UPS 电源设备标识清晰，无脱落。

2. 定期试验

通信专用 UPS 电源定期试验包括以下内容：

（1）每季度进行一次 UPS 主机交流输入切换试验，两路交流输入应能正常切换。

（2）每年进行一次旁路切换试验，当断开交流主路输入、直流输入时，通信专用 UPS 电源应自动切换至旁路电源供电，切换时间应与出厂验收指标一致。

（3）以实际负载每年进行蓄电池组放电测试，放出额定容量的 30%～40%。

（4）每年测量一次 UPS 主机的保护地接至机房环形接地铜排的连接电阻。

5.1.4　交、直流配电屏运行维护要点

1. 巡视

交、直流配电屏巡视要点如下：

（1）检查承载负荷的各断路器是否在投运状态，并核对配电屏断路器开关、熔断器的级差配合。

（2）测量交、直流输入电压，交、直流输出电压、输出电流等，检查其与监控单元、表计显示是否一致。

（3）自动断路器跳闸或熔断器烧断时，应查明原因再恢复使用，必要时允许试送电一次。

（4）熔断器应有备用，定期检查各级熔断器（断路器）的配置，不应使用

额定电流不明、交直流属性不明或不合格的熔断器。

（5）检查交直流配电屏输入、输出线缆有无裸铜、破损，连接是否松动。

（6）每年雷雨季节前和雷雨季节后，应检查防雷器件是否完好，发现故障及时更换。

（7）检查交、直流配电屏保护地是否可靠接地。

（8）检查交、直流电源设备标识清晰，标识无脱落。

2. 定期试验

交、直流配电屏定期试验包括以下内容：

（1）在定期和专项安全检查时，应对通信电源系统图及交直流配电图进行校核，重点核查直流断路器的负荷设备分布。

（2）结合定期巡视检查防雷器件，发现问题及时更换。

（3）每年测量一次交、直流配电屏的保护地接至机房环形接地铜排的连接电阻。

5.1.5 阀控式铅酸蓄电池运行维护要点

1. 巡视

阀控式铅酸蓄电池巡视要点如下：

（1）检查蓄电池组运行环境：蓄电池室通风、照明、消防设备完好，无易燃、易爆物品，环境温湿度应符合规定。

（2）检查蓄电池组的总电压、单体电压正常。

（3）检查蓄电池外壳无变形、裂纹或泄漏，极柱与安全阀周围无酸雾溢出。

（4）检查蓄电池柜、架是否可靠接地。

（5）检查蓄电池组连接条连接牢靠，通过测温装置检查接合部位和端子有无发热现象。检查电缆标识清晰。

（6）检查蓄电池编号及极性标志正确且清晰。

2. 定期试验

阀控式铅酸蓄电池定期试验包括以下内容：

（1）测试单体蓄电池电压。每季度测量一次蓄电池组电压及单体蓄电池电压，并做好记录（精确到毫伏级）。蓄电池组整体电压、单节蓄电池的电压偏差应符合规定。

（2）核对性放电试验周期。新安装的阀控式铅酸蓄电池组应进行容量试验，之后每隔 2 年进行一次核对性放电试验，运行年限超过 4 年的阀控式铅酸蓄电池组，则应每年进行一次全核对性放电试验。

若经过 3 次全核对性放充电，蓄电池组容量均达不到额定容量的 80% 以上，可认为此组阀控式铅酸蓄电池不合格，应安排更换。全核对性放电试验的放电终止电压见表 5.3。

表 5.3　　　　　　　　　蓄电池放电终止电压与充放电电流

电池类别	标称电压（V）	放电终止电压（V）	额定容量（Ah）	充放电电流（A）
阀控式密封铅酸蓄电池	2	1.8	C_{10}	I_{10}
	6	5.4（1.8×3）	C_{10}	I_{10}
	12	10.8（1.8×6）	C_{10}	I_{10}

（3）配置一组阀控式铅酸蓄电池的放电试验。当通信站中仅配置一组蓄电池时，应采用备用蓄电池组作临时代用，对该组阀控式铅酸蓄电池进行放电试验。

（4）配置两组阀控式铅酸蓄电池的放电试验。当通信站中一个高频开关电源屏带有两组蓄电池时，可依次对两组蓄电池分别进行放电试验；当通信站中两个高频开关电源屏各接一组蓄电池时，在采取安全措施（如备用蓄电池组、人工合母联等）并确保本站重要负荷安全运行情况下，可依次对两组蓄电池分别进行放电试验。

5.1.6　通信电源监控系统运行维护要点

通信电源监控系统运行维护要点如下：

（1）检查监控采集设备是否运行正常，指示灯是否正常，是否有告警。

（2）检查蓄电池各采集点接触是否接触可靠。

（3）检查通信专用电源系统监控信号是否齐全、准确。

（4）检查各个监控采集设备的电源、接地、信号等接点是否连接牢固可靠，遥信、遥测等信号是否能够可靠地传送。

（5）检查前端采集设备的接地和防雷措施是否良好，通信口与数据采集器之间的电气隔离和防雷措施是否良好。

（6）定期开展电源监控装置本地及与监控站之间的远传功能试验，以确保动环监控采集的数据真实性。

5.1.7 通信电源系统运行维护资料

通信电源系统运行维护部门应具备以下技术资料：

1）电源机房设备平面布置图；

2）通信电源系统图及交直流配电图；

3）通信电源设备技术手册；

4）电源监控系统接线图、地址表、竣工验收资料（含电源设备验收测试记录）；

5）防雷接地系统布置图；

6）蓄电池测试记录；

7）通信电源应急处置预案；

8）通信电源系统连接图，应包括交流输入、各部分连接、交直流分配、负载名称、防雷措施等；

9）通信电源系统连接图、通信电源应急预案应有纸质文档存放在现场，其他资料可使用计算机网络管理，异地存放，现场调用；

10）为继电保护、安全稳定接口装置等重要设备供电的通信直流配电开关应在配线资料中区别标记。

5.2 日 常 检 修

5.2.1 −48V 高频开关电源系统双路交流输入切换试验

通过电源系统交流切换试验，可以测试通信电源交流切换功能是否正常，防止单路交流失电影响通信电源安全运行，并验证通信电源告警信息是否及时准确送达 24 小时有人值班场所，及时发现并消除通信电源存在的安全隐患，保障通信电源及直流负载安全可靠运行。

1. 总体工作要求

（1）通信电源接线方式应符合要求。

（2）通信电源交流切换试验工作不应导致 -48V 直流母排和负载失电。

（3）通信电源交流切换试验工作前应检查通信蓄电池组连接可靠且性能良好，确保工作过程中蓄电池组能持续给负载供电。

（4）通信电源容量配置应符合 Q/GDW 11442—2020《通信电源技术、验收及运行维护规程》中的相关规定，蓄电池组出口可靠性熔断器额定电流应按不小于蓄电池组 10h 率放电电流的 5.5 倍。

（5）通信电源交流切换试验工作反事故措施要求应符合《国家电网有限公司通信电源方式管理要求（试行）》《国家电网有限公司作业安全风险预警管控工作规范（试行）》《国家电网公司电力安全工作规程（电力通信部分）（试行）》等相关规定。

2. 工作准备

（1）检查通信电源容量配置是否符合 Q/GDW 11442—2020 规定，-48V 高频开关整流模块配置数量应不少于 3 块且符合 $N+1$ 原则。

（2）检查通信电源交流电缆线径是否满足运行要求。

（3）梳理站内通信电源运行参数和单、双电源直流负载供电方式，并分别编制相应的校核测试表。

（4）对于通信电源系统接线图等运行方式资料不完整或存在疑问的，应赴现场进行核查确认。

（5）核查近 1 年内的蓄电池组离线全核对性放电试验测试记录，后备时间应不小于 4h（地处偏远的无人值班通信站应大于抢修人员携带必要工器具抵达通信站的时间且不小于 8h），且测试容量应达到额定容量的 80% 以上，确保蓄电池组性能良好。距离上次测试超过 1 年的蓄电池组，应先检查电池状态并提前进行充放电试验。

3. 现场实施

（1）核实是否有影响站用交流电运行的电网检修，若有，工作应延期或改期进行。若工作过程中发生站用交流电故障，工作应立即停止，并恢复通信电源正常运行方式，保证通信设备安全运行。

（2）核查通信电源接线方式。

（3）与站内变电运行人员配合，结合现场标签标识，利用万用表或钳形电流表检查每套通信电源自动切换器（ATS）或交流接触器的两路交流输入，以及两套通信电源的主用交流输入应来自于不同站用电的交流母线。

（4）检查现场标识标签与台账资料是否一致，确认各直流负载实际接线方式与运行方式保持一致。

（5）检查站用电配电屏交流输出空开容量应大于下一级通信电源交流输入空开容量，通信电源各级空开容量应满足上、下级选择性配合要求。

（6）检查电缆绝缘护套和电缆线径是否满足总负载电流的载流量要求，线径大小应大于电缆截面积的估算值并保留一定的裕度。

（7）检查通信电源及所有接入在通信电源上的交、直流负载是否有异常告警，防雷单元是否工作正常。若有异常，待核实并消缺完成后方可继续开展工作。

（8）针对接入通信电源的重要交流负载，与业务管理单位（部门）配合，在工作期间提前将其转接至站内不间断电源（UPS）上运行。

（9）检查通信电源电缆接线（或铜排连接）是否紧固，连接点温度是否异常，接地是否良好。

（10）利用万用表或钳形电流表检查每路交流输入的电压或电流测量值与本地监控屏显、远程动环监控数据是否一致，并记录测量值；若存在较大偏差，待核实并消缺完成后方可继续开展工作。

（11）检查蓄电池组外观有无漏液或铅酸腐蚀等现象、接线是否紧固，蓄电池极柱绝缘帽是否齐全，极柱和壳体温度是否正常。

（12）测量蓄电池熔断器或断路器上、下两端电压差是否接近于零，排除熔断器或断路器故障。测量蓄电池组端电压值、单节电压值是否在正常范围内。

（13）检查通信蓄电池充电限流功能是否开启，充电限流值是否正确设置。

4. 通信电源交流切换试验

（1）断开其中一套通信电源 ATS 切换器或交流接触器主用线路的输入空开，观察 ATS 切换器指示灯或交流接触器触头吸合状态和切换时延，综合判断是否切换至备用线路。

（2）若无法正常切换，应立即恢复该路交流输入空开，停止试验操作，查找故障原因；若无法恢复至原运行状态，则开展 ATS 切换器手动切换、接入应急电源等应急处置。对于无法处置的故障，应纳入电源缺陷闭环管理待下一步消缺。该套通信电源本次交流切换试验结束，试验结论为"不合格"。

（3）若正常切换，观察通信电源正常运行 5min，初步确认通信电源运行正常。

（4）观察屏显的总负载电流值在通信电源切换前、后是否一致，初步确认所有直流负载设备运行正常，未造成设备失电。

（5）逐个检查直流负载运行情况，确认未发生因电源交流切换导致的告警和停运故障，表明 ATS 切换器或交流接触器工作正常、备用线路运行正常。

（6）恢复 ATS 切换器或交流接触器原主用线路的输入空开。若设置为"主用模式"，ATS 切换器或交流接触器由备用线路切换至主用线路。若设置为"非主用模式"，则断开 ATS 切换器或交流接触器备用线路的输入空开，查看是否能切换至主用线路，切换成功后，恢复备用线路的输入空开。

（7）再次观察通信电源正常运行 5min，确认通信电源运行正常。

（8）再次观察屏显的总负载电流值在通信电源切换前后是否一致，确认所有直流负载设备运行正常，未造成设备失电。

（9）利用万用表或钳形电流表测量核对切换前后通信电源每路交流输入的电压值和电流值保持一致。

（10）同理，完成另一套通信电源交流切换试验操作。

（11）完成两套通信电源交流切换试验后，观察两套通信电源的 ATS 切换器指示灯或交流接触器触头吸合状态，核对监控模块上报告警信息，确认其主用线路是否来自不同段交流母线。若来自同一段交流母线且具备条件，则应通过交流切换使 ATS 切换器或交流接触器工作在不同段交流母线上。

（12）以上检查均正常，则通信电源交流切换试验结束，试验结论为"合格"。

（13）与业务管理单位（部门）配合，将工作期间转接至不间断电源（UPS）上运行的重要交流负载恢复原运行方式。

5. 工作结束

在工作结束后，现场确认通信电源及所有负载运行 10min，确认均正常运行，主控单元、现场指示灯、表头等均无异常声光告警。

6. 应急措施

在通信电源交流切换试验过程中，因 ATS 切换器或交流接触器切换失败造成通信电源两路交流输入失电，且蓄电池组性能不足时，可能导致直流母排失电时间过长，应采取应急措施。可通过以下三种方式：

（1）携带便携式通信应急电源（具备条件的单位可准备应急发电车），将整流输出并接于直流分配屏直流母排上。其中，应急电源仅作为备用电源使用，故障电源配套蓄电池组才是直流分配屏直流母排不失电的核心保障。

（2）若因 ATS 切换器或交流接触器自身故障导致双路交流失电，可考虑直接将 ATS 切换器或交流接触器的上、下端跳接，待消缺后恢复正常运行方式。

（3）若现场通信电源接线采用母联开关方式时，应在切换故障发生后，在确认接线方式正确的前提下手动闭合母联开关，保障单电源负载供电正常，待消缺后恢复正常运行方式。

5.2.2 −48V 通信电源直流负载供电可靠性验证

通过 −48V 通信电源直流负载供电可靠性验证，可以计算通信电源容量配置验证单套电源的带载能力，确认是否满足相关规程及要求，确认直流负载的接线方式和供电能力是否符合运行要求。及时发现并消除通信电源存在的安全隐患，保障通信电源及直流负载安全可靠运行。

1. 总体工作要求

（1）通信电源接线方式应符合要求。

（2）直流负载供电可靠性验证工作不应导致 −48V 直流母排和负载失电。

（3）直流负载供电可靠性验证工作前应检查通信蓄电池组连接可靠且性能良好，确保工作过程中蓄电池组能持续给负载供电。

（4）通信电源容量配置应符合 Q/GDW 11442—2020 中的相关规定，蓄电池组出口可靠性熔断器额定电流应不小于蓄电池组 10h 率放电电流的 5.5 倍。

（5）双电源直流负载供电可靠性验证工作前应检查直流分配屏及机柜直流配电单元（PDU）等同一供电回路所有的上、下级单个输入及输出支路开关额定电流值大于双电源直流负载的额定总电流值。

（6）双电源直流负载供电可靠性验证工作前应检查双电源供电回路的电缆线径，且应满足双电源直流负载的额定总电流要求。

（7）针对单电源直流负载（如保护接口装置等），在核查其接线方式、运行方式满足相关规程及要求的基础上，可与其他专业积极协调和紧密配合，结合电网检修窗口等适当开展设备供电通断试验。

（8）针对双电源直流负载，其两路电源应分别取自两套不同的通信电源；

针对承载同一业务的单电源负载（保护接口装置、部分单电源光路子系统及传输设备）应根据业务通道互备关系和光方向的不同加以区分，并接至两套不同的通信电源。若接至同一套电源，待核实并消缺完成后方可继续开展本项工作。

（9）通信电源直流负载供电可靠性验证工作反事故措施要求应符合《国家电网有限公司通信电源方式管理要求（试行）》《国家电网有限公司作业安全风险预警管控工作规范（试行）》《国家电网公司电力安全工作规程（电力通信部分）（试行）》等相关规定。

2. 工作准备

（1）检查通信电源容量配置是否符合 Q/GDW 11442—2020 规定，−48V 高频开关整流模块配置数量应不少于 3 块且符合 $N+1$ 原则。

（2）检查通信电源直流电缆线径是否满足运行要求。

（3）梳理站内通信电源运行参数和单、双电源直流负载供电方式，并分别编制相应的校核测试表。

（4）对于通信电源系统接线图等运行方式资料不完整或存在疑问的，应赴现场进行核查确认。

（5）核查近 1 年内的蓄电池组离线全核对性放电试验测试记录，后备时间应不小于 4h（地处偏远的无人值班通信站应大于抢修人员携带必要工器具抵达通信站的时间且不小于 8h），且测试容量应达到额定容量的 80%以上，确保蓄电池组性能良好。距离上次测试超过 1 年的蓄电池组，应先检查电池状态并提前进行充放电试验。

3. 现场实施

（1）核实是否有影响站用交流电运行的电网检修，若有，工作应延期或改期进行。若工作过程中发生站用交流电故障，工作应立即停止，并恢复通信电源正常运行方式，保证通信设备安全运行。

（2）核查通信电源接线方式。

（3）与站内变电运行人员配合，结合现场标签标识，利用万用表或钳形电流表检查每套通信电源自动切换器（ATS）或交流接触器的两路交流输入，以及两套通信电源的主用交流输入应来自不同站用电的交流母线。

（4）检查现场标识标签与台账资料是否一致，确认各直流负载实际接线方式与运行方式保持一致。

（5）检查站用电配电屏交流输出空开容量应大于下一级通信电源交流输入空开容量，通信电源各级空开容量应满足上、下级选择性配合要求。

（6）检查电缆绝缘护套和电缆线径是否满足总负载电流的载流量要求，线径大小应大于电缆截面积的估算值并保留一定的裕度。

（7）检查通信电源及所有接入在通信电源上的交、直流负载是否有异常告警，防雷单元是否工作正常。若有异常，待核实并消缺完成后方可继续开展工作。

（8）针对接入通信电源的重要交流负载，与业务管理单位（部门）配合，在工作期间提前将其转接至站内不间断电源（UPS）上运行。

（9）检查通信电源电缆接线（或铜排连接）是否紧固，连接点温度是否异常，接地是否良好。

（10）利用万用表或钳形电流表检查每路交流输入的电压或电流测量值与本地监控屏显、远程动环监控数据是否一致，并记录测量值；若存在较大偏差，待核实并消缺完成后方可继续开展工作。

（11）检查蓄电池组外观有无漏液或铅酸腐蚀等现象，接线是否紧固，蓄电池极柱绝缘帽是否齐全，极柱和壳体温度是否正常。

（12）测量蓄电池熔断器或断路器上、下两端电压差是否接近于零，排除熔断器或断路器故障。测量蓄电池组端电压值、单节电压值是否在正常范围内。

（13）检查通信蓄电池充电限流功能是否开启，充电限流值是否正确设置。

4. 双电源直流负载运行工况检验

（1）通过轮流调低每套通信电源的输出电压，测量观察双电源负载在直流分配屏侧和负载侧的电流变化情况，从而判断负载的接线方式和供电能力是否符合运行要求。

（2）利用万用表或钳形电流表测量并记录负载两路电源电缆直流分配屏侧和负载侧的电流值，判断负载两路供电是否正常。若只有单路电流值，待核实并消缺完成后方可继续开展工作。

（3）因各站点通信电源设备的位置不同，考虑到直流压降后应该使蓄电池组端电压满足浮充运行要求（一般为 53.5～54.0V），各站通信电源输出电压具体设定值会略有差异。逐步调节其中一套通信电源的输出电压（即每次调低0.5V 左右，蓄电池会有少量放电），使两套通信电源的输出电压差值保持在 2V。同时，利用万用表或钳形电流表测量、观察直流分配屏侧和负载侧两路供电回路的电压和电流变化情况。一般情况下，调低输出电压所对应的供电回路其电流值应减小，另一路供电电流值应增大（个别设备采用双路供电均衡分摊电流的方式运行，应根据现场情况仔细校核）。

（4）恢复该套通信电源至原输出电压值，利用万用表或钳形电流表测量、观察两路供电回路的电流变化情况。一般情况下，恢复至原输出电压值所对应的供电回路其电流值应增大，另一路供电电流值应减小，最终两路电流值应恢复至调节前数值附近。

（5）同理，完成另一套通信电源相关操作。

（6）以上检查均正常，则通信电源双电源负载运行工况检验工作结束，检验了负载接线方式和供电能力均满足运行要求，结论为"合格"，继续开展供电切换试验工作。否则，结论为"不合格"，无法继续开展供电切换试验工作。

5. 双电源直流负载供电切换试验

（1）通过断开直流分配屏侧输出支路开关或负载屏侧 PDU 上输出支路开关来验证负载供电可靠性，再次确认负载接线方式和供电能力是否符合运行要求。

（2）针对电源接线方式为直流分配屏输出接线端子直连、连至两进一出单母线型 PDU 或连至两进两出双母线型 PDU 的双电源直流负载，通过机械开关操作方式逐个验证各负载的接线方式和供电能力是否满足运行要求。

（3）利用万用表或钳形电流表逐个测量并记录负载两路电源电缆直流分配屏侧和负载侧的电流值，判断负载两路供电是否正常。若只有单路电流值，待核实并消缺完成后方可继续开展工作。

（4）断开其中一套直流分配屏中对应的输出支路开关，利用钳形电流表测量、观察直流分配屏侧和负载侧两路供电回路的电流变化情况。一般情况下，断开输出支路开关所对应的供电回路其电流值应减小为零，另一路供电电流值应增大至负载总电流值。

（5）恢复该套直流分配屏中对应的输出支路开关，利用钳形电流表测量、观察两路供电回路的电流变化情况。一般情况下，恢复输出支路开关所对应的供电回路其电流值应增大，另一路供电电流值应减小，最终两路电流值应恢复至调节前数值附近。

（6）同理，完成另一套直流分配屏中对应的输出支路开关相关操作。

（7）以上检查均正常，则通信电源双电源负载供电切换试验工作结束，再次验证了负载接线方式和供电能力均满足运行要求，结论为"合格"。否则，结论为"不合格"。

6. 单电源直流负载运行工况检验

（1）通过调节每套通信电源的输出电压，测量观察单电源负载在直流分配屏侧和负载侧的电压变化情况，从而判断负载的接线方式和供电能力是否符合运行要求。其中单电源负载主要包括线路保护接口装置、部分站点单电源光路子系统及传输设备，从提高通信系统稳定性出发，建议将部分站点单电源光路子系统及传输设备改造为双电源输入方式。

（2）根据单电源直流负载测试表，通过调节输出电压的方式逐个验证各负载的接线方式和供电能力是否满足运行要求。

（3）因各站点通信电源设备的位置不同，考虑到直流压降后使蓄电池组端电压满足浮充运行要求（一般为53.5～54.0V），各站通信电源输出电压具体设定值会略有差异。逐步调节其中一套通信电源的输出电压（即每次调低0.5V左右，蓄电池会有少量放电），使两套通信电源的输出电压差值保持在2V。同时，利用万用表测量、观察直流分配屏侧和负载侧的电压变化情况，核对承载同一业务的负载是否根据业务通道互备关系和光方向的不同加以区分并接至两套不同的通信电源。如电压调节后，线路保护接口装置（A通道）输入电压减小，线路保护接口装置（B通道）输入电压保持不变，表明两套线路保护接口装置分别接至两套不同的电源。

（4）恢复该套通信电源至原输出电压值，利用万用表测量、观察负载侧的电压是否恢复至原值。

（5）同理，完成另一套通信电源相关操作。

（6）以上检查均正常，则通信电源单电源负载运行工况检验工作结束，检验了负载接线方式和供电能力均满足运行要求，结论为"合格"，继续开展单电源直流负载供电通断试验工作。否则，结论为"不合格"，无法继续单电源直流负载供电通断试验工作。

7. 单电源直流负载供电通断试验

（1）针对直流分配屏输出接线端子直连和连至两进两出双母线型PDU的单电源负载，主要包括保护稳控接口装置等重要业务设备。应与其他专业积极协调和紧密配合，结合电网检修窗口等适当开展设备供电通断试验，在保证单电源直流负载运行工况检验合格的基础上，可与其他专业积极协调和紧密配合，结合电网检修窗口等适当开展设备供电通断试验，断开直流输出支路开关，验证两套保护稳控接口装置的互备可靠性。

（2）针对电源接线方式为连至两进一出单母线型 PDU 的单电源负载，通过断开直流分配屏侧输出支路开关或负载屏侧 PDU 上输出支路开关来验证负载供电可靠性，再次确认负载接线方式和供电能力是否符合运行要求。

（3）利用钳形电流表逐个测量并记录负载电源电缆直流分配屏侧和负载侧的电流值，判断负载供电是否正常。若直流分配屏侧两路供电回路只有单路电流值，待核实并消缺完成后方可继续开展工作。

（4）断开其中一套直流分配屏中对应的输出支路开关，利用钳形电流表测量、观察直流分配屏侧和负载侧供电回路的电流变化情况。一般情况下，在直流分配屏侧断开输出支路开关所对应的供电回路其电流值应减小为零，另一路供电电流值应增大至负载总电流值。

（5）恢复该套直流分配屏中对应的输出支路开关，利用钳形电流表测量、观察直流分配屏侧和负载侧供电回路的电流变化情况。一般情况下，在直流分配屏侧恢复输出支路开关所对应的供电回路其电流值应增大，另一路供电电流值应减小，最终两路电流值应恢复至调节前数值附近。

（6）同理，完成另一套直流分配屏中对应的输出支路开关相关操作。

（7）以上检查均正常，则通信电源单电源负载供电通断试验工作结束，再次验证了负载接线方式和供电能力均满足运行要求，结论为"合格"。否则，结论为"不合格"。

8. 工作结束

在工作结束后，现场确认通信电源及所有负载运行 10min，确认均正常运行，主控单元、现场指示灯、表头等均无异常声光告警。

5.2.3　通信蓄电池充放电试验

定期开展通信蓄电池充放电试验，日常运维中根据蓄电池放电深度不同可分为容量试验（放电深度80%）与核对性充放电试验（放电深度30%～40%）。通过充放电试验可对蓄电池的后备能力进行准确评估，提高运行设备的电源安全性。

目前对于站内通信电源的蓄电池充放电测试有在线式测量和离线式测量两种方式。在线式测量使用机房内设备作为蓄电池的放电负载，存在一定风险。现网中通常使用充放电测试仪对蓄电池进行离线式测量。在充分评估安全性的前提下，可进行在线式测量。

1. 准备工作

（1）带好必要的电源技术资料，包括通信电源接线图、通信电源负载清单以及操作说明书，工作前进行现场核对，按说明书要求对电源设备进行操作。

（2）开工当天对需核对性充放电的蓄电池进行端电压检查。

（3）挂接临时蓄电池组，验证临时蓄电池组端电压，确保临时蓄电池组正常供电。

2. 现场实施

（1）首先按照预先制订的工作计划对即将进行放电测试的蓄电池进行检查，包括其外观是否正常，有无鼓包、漏液、壳体发热现象发生。若有上述现象，应立即停止充放电测试工作，上报相关责任人员进行处理。检查该组蓄电池是否处于浮充状态，若蓄电池组正在均充，则应将测试工作延后。为保证测试结果准确有效，建议在该组蓄电池完成均充进入浮充状态24h以后再进行充放电测试。

（2）观测通信机房或蓄电池室的温湿度有无异常，若有异常则使用空调进行加热/制冷/除湿来调节。寻找较为开阔、通风良好、离蓄电池较近、方便取220V交流电、人流较少的的空间安放充放电测试仪，并清点测试使用的相关线缆。

（3）若蓄电池运行状态无异常，则按计划使用熔断器操作手柄将测试对象蓄电池组的熔丝拔出，将该组蓄电池退出运行，并使用万用表测量该组蓄电池的整组电压，确认该组蓄电池已退出。

（4）将充放电测试仪的直流输入空开推至断开状态。将蓄电池单体电压巡检模块连接至充放电测试仪上（连接口通常为RS－485插头）；将单体电压采集线连接至蓄电池单体电压巡检模块上（连接口通常为DB25插头）；将放电导线连接至充放电测试仪上（连接口通常为快接插座，黑色导线接黑色接头、红色导线接红色接头），黑色为负极，红色为正极；接通充放电测试仪交流工作电源，开启工作开关。

（5）先将放电导线连接至测试对象蓄电池组的正负极上，通常蓄电池充电母线通过铜排与蓄电池组相连，此时应使用绝缘扳手和尺寸合适的螺栓将蓄电池放电导线的端子固定到铜牌上（红色导线连接蓄电池组正极，黑色导线连接蓄电池组负极，严禁接反）；再依据蓄电池单体序号以及电池电压采集线序号将采集线连接至序号对应的蓄电池上；各类线缆应准确、牢固连接，合理布放，避免测试中人为因素的干扰；整个工作过程中严禁将任何工具摆放在蓄电池组上。

（6）使用万用表测量蓄电池组在开口状态下的单体电压，并进行记录。按照实际情况在蓄电池测试仪上输入电池组容量等电池相关信息（如蓄电池单体额定电压、额定容量、节数等），按照本次测试的类型设置放电参数与终止电压，如表 5.4 所示。

表 5.4　　　　　　　　　　　蓄电池充放电测试参数表

测试类型	放电方式	放电电流（A）	放电中止时间（h）	整组蓄电池放电终止电压（V）	单体蓄电池放电终止电压（V）	放出容量
全核对性测试	恒流	I_{10}	10	43.2	1.8	C_{10}
容量试验	恒流	I_{10}	8	43.2	1.8	$80\%C_{10}$
核对性测试	恒流	I	T	43.2	1.8	（30%～40%）C_{10}

注意：

1）放电电流设置不得超过充放电测试仪的额定值；

2）任何情况下，蓄电池单体终止电压不可设置为 1.7V 以下，否则将会引起蓄电池内阻剧增，增大起火爆炸的风险；

3）I_{10}：10h 放电率电流（如 500Ah 蓄电池组放电电流为 50A）；

4）C_{10}：蓄电池额定容量（如 500Ah 蓄电池组额定容量为 500Ah）；

5）I 为该套通信电源实际负载电流值；

6）T 为根据设置的放出容量 C（30%～40%C_{10}）及放电电流 I 计算的放电时间（$T = C/I$）。

（7）各项参数设置完成检查无误后进行确认；手动闭合直流输入空开，开始充放电测试；使用警示隔离带对工作现场进行保护隔离。

（8）测试过程中前 2h 应每隔 0.5h 对充放电测试仪的工作情况进行巡视，2h 后每隔 1h 对充放电测试仪的工作情况进行巡视；同时应对蓄电池进行检测（主要为蓄电池测温）；如果发现异常情况（如蓄电池发热严重、短路、打火，充放电测试仪过载、过热等），应手动停止测试工作。

（9）测试完成后，首先确认充放电测试仪已停止工作，将测试数据进行保存并使用外网 U 盘将测试报告导出；使用万用表对蓄电池组的单体电压进行测量并记录。

（10）先将蓄电池单体电压采集线拆除，再将放电导线拆除，拆除过程中避免造成短路；同时将蓄电池组一端的蓄电池母线重新按照正负极关系连接至蓄电池组上，确认连接完成后将熔丝插回；查看通信电源监控模块，确认蓄电池组已开始均充；等待本组蓄电池完成均充之后，即可对另一组蓄电池开始充放电测试。

（11）工作完成后，需将现场恢复至工作前状态，并对工作现场进行清洁，将工作过程中产生的废弃物带出机房；将所有线缆依次收集盘放整齐，清点完成后，与对应仪器仪表一同进行装箱；整理相关工器具，避免遗失；退出工作现场前应检查门窗是否可靠关闭。

5.3 故 障 处 置

5.3.1 交流供电类通信电源故障案例

1. 通信电源交流失电故障

（1）故障基本情况。某变电站通信机房电源交流失电，造成机房内一、二、三、四级网通信设备断电，导致国网、华东重要光传输系统光路中断。

（2）故障原因。经抢修人员检查，变电站通信机房空调 2 故障，引起上级开关总负荷电流瞬间过载，380V 低压配电室通信电源主用空开跳闸。跳闸后，通信电源交流屏 ATS 自动倒换至通信电源备用空开；由于故障依然存在，过载电流引起 380V 配电室通信电源 2 号空开跳闸，造成通信电源交流屏两路交流失电。告警上报后，当值调度员未及时处置，蓄电池容量放亏后，设备断电。

（3）现场处置情况。国网通信调度员发现国网、华东多条主用光路中断，与省通信调度沟通后得知，多条省网光路中断，省通信调度立即通知相关人员前往变电站处理。

抢修人员到达变电站通信电源室，发现交流屏电源指示灯熄灭，1 号、2 号通信电源失电，但交流配电屏两路交流进线空开正常。

通信抢修人员会同变电站运行检修人员赶往 380V 配电室，发现低压配电屏连接 1 号、2 号通信电源的开关跳闸。

通信专业抢修人员在恢复送电过程中，发现通信机房内 2 号空调启动会造成 4 号配电室内 1 号、2 号通信电源开关误动作，判断为该空调引起故障。将 2 号空调脱离系统后，将 380V 配电室的 1 号、2 号通信电源开关闭合，通信电源室交流屏输入指示灯恢复正常，通信设备顺序恢复供电，所有受影响光路全部恢复正常。

2. 通信电源交流缺相故障

（1）故障基本情况。某变电站通信电源系统交流输入经 ATS 切换后，出现 B 相缺相，站内通信设备由蓄电池供电。

（2）故障原因。经现场核查，交流配电屏内为高频开关 2 号电源屏提供交流电输出的三相开关跳闸，开关上有烧焦痕迹，经测试开关 B 相短路。因交流配电屏全部输出开关为并联方式，全交流负载 B 相缺相，无法正常为负载（高频开关电源、空调等）提供交流电源。

该站点通信电源接线方式存在缺陷。两套高频开关电源均取自同一交流配电屏内自动切换装置的输出端，属同一母线。当一套高频开关电源交流输入空开出现短路或自动切换装置故障时，会同时影响两套高频开关电源的运行，甚至造成两套电源同时失电。

（3）现场处置情况。抢修人员接通知后到达现场，发现交流配电屏中的 2 号高频开关电源输入开关跳闸，2 号高频开关电源交流失电，监控模块显示交流停电告警；1 号高频开关电源交流输入开关状态正常，全部整流模块显示 Error 告警，监控模块显示交流输入欠压；站内空调监控显示交流缺相告警，空调无法正常工作；通信设备运行正常，判断由蓄电池供电。

抢修人员做好安全及监护措施后，首先测量四组蓄电池电压均为 −49V 左右，正常浮充状态电压应为 −53.4V，判断蓄电池已经长时间放电。抢修人员当即做好拉闸限电准备，优先保证二级网设备正常运行。经测试两路市电输入的相电压、线电压、同相位等参数均正常，继续测试经过交流切换装置后线路的相关参数，发现 B 相缺相。打开交流配电屏前面板，发现给 2 号高频开关电源供电的开关 B 相有烧焦痕迹，B 相铜排绝缘受损，经测试 1 号、2 号高频开关电源交流输入开关的交流进线侧均存在 B 相缺相。

抢修人员断开双路交流输入，断开交流负载，经验电确认安全后开始操作。首先更换故障开关，将原 2 号高频开关电源的开关电源线倒换至空余开关位置。确认连接正确后，闭合交流输入开关，测试确认 B 相交流恢复正常，并进行双路交流切换试验。依次闭合 1 号、2 号高频开关电源和空调等负载的交流开关，所有交流负载恢复正常运转，直流负载运行状态正常，蓄电池转换至充电模式。此时，发现两台高频开关电源的第一个整流模块均显示 Error，其他整流模块运行正常，将两个 Error 模块断电重启后仍无法工作，通过更换模块使设备恢复正常。

3. 通信电源交流分配屏故障

（1）故障基本情况。某变电站两套通信开关电源交流输入失去，所接交流通信设备停运。经现场检查发现无法立即修复，采取应急处理，将通信开关电源交流输入直接跨接至变电站低压配电柜交流输出侧，恢复通信开关电源交流供电输入，将交流负载设备暂时接到通信开关电源交流负载开关上，建立临时运行方式。之后更换交流继电器后，交流配电屏可正常使用，系统恢复正常运行方式。

（2）故障原因。变电站交流屏投入运行 7 年，变电站当日有检修作业进行站内变压器倒换，倒换后交流配电屏交流电无法正常投入，交流继电器触点有烧损痕迹，经检测确定为继电器质量问题，在电源倒换过程中发生触点短路故障。

通信电源应定期进行双路交流切换试验，通过试验及早发现设备故障隐患，及早开展消缺工作。

（3）现场处置情况。变电站通信开关电源交流输入电压告警，现场检查发现交流分配屏交流输入开关无法投入，致使通信开关电源失去交流输入。

因故障发现及时，蓄电池容量仍可满足运行需求，未造成通信设备停运，只有站内网络交换机出现设备停运。

通信调度发现电源监控系统告警，经查询发现两台通信开关电源上报蓄电池放电告警，调度员立即通知运维人员赶赴现场。

抢修人员到达现场，经测量发现两套开关电源均无交流输入，测量交流分配屏交流输入正常，但是无交流输出。经检查发现交流继电器有烧损痕迹，确定是继电器问题。

由于无备用继电器，抢修人员采取应急处理，将通信开关电源交流输入直接跨接至变电站低压配电柜交流输出侧，恢复通信开关电源交流供电输入，将交流负载设备暂时接到通信开关电源交流负载开关上，建立临时运行方式。更换交流继电器后，交流配电屏可正常使用，系统恢复正常运行方式。

5.3.2　直流供电类通信电源故障案例

1. 通信电源供电方式错误故障

（1）故障基本情况。某变电站通信电源故障，导致国网、东北多套光传输设备失电脱管。应急处置后，告警消除，系统恢复正常。

（2）故障原因。站内 1 号蓄电池组性能整体劣化，其中第 24 节电池内部电极栅板间短路，导致 1 号通信电源直流输出侧输出熔断器（100A）熔断，与蓄电池组连接的熔断器（250A）未动作。故障发生后，因伴随告警较少，电源监控告警未被及时发现。虽然国网 OTN 设备、二级网东北 ECI 设备、华为设备、中兴设备两路电源线分别接在不同的直流分配屏上，但是两面直流分配屏的上级输入均来自同一套电源，该套电源故障后设备外部供电中断，蓄电池容量放空后，设备掉电。

（3）现场处置情况。国网通信调度监控发现变电站的国网中兴 OTN 设备、二级网东北 ECI 设备、二级网东北中兴设备、二级网东北华为设备出现脱管情况，立即通知省通信调度进行排查。省通信调度通知属地运维单位上站处置，属地运维单位指派当地县公司抢修人员就近赶赴现场，同时组织其他抢修人员从省、市两级赶赴现场。

抢修人员到场后，检查发现通信设备指示正常闪烁，初步判断为光缆故障。在排查光缆过程中，发生设备掉电，指示灯熄灭，定位为通信电源问题。现场排查发现 1 号高频开关电源整流模块告警，现场人员立刻向省信通公司及当地市公司汇报，省公司组织紧急调拨 2 组 500Ah 蓄电池组和 1 套 400A 高频开关电源至该变电站，准备替换可能存在问题的蓄电池组和高频开关电源。

第二批市公司抢修人员到达现场后，进一步排查发现 1 号高频开关电源直流输出熔断器（100A）熔断，立即更换故障熔断器。经观察，该熔断器再次熔断，并发现蓄电池组部分电池壳体过热，测量蓄电池端电压发现其中第 24 节蓄电池端电压为 0.4V，其他蓄电池端电压为 1.9V 左右，判断蓄电池短路。抢修人员利用 160A 熔器将 1 号高频开关电源直流输出临时恢复后，立刻将故障蓄电池组脱离运行，1 号高频开关电源恢复供电，受影响的通信设备全部恢复正常运行。

后续省公司紧急调拨的 2 组 500Ah 蓄电池组和 1 套 400A 高频开关电源送达变电站现场。在完成两组蓄电池组更换后，电源系统恢复正常运行。

2. 通信电源交流接线故障

（1）故障基本情况。因某变电站通信电源运行超过规定年限，计划进行整体更换。工作人员在确认设备电源接线方式，为单电源设备连接好备用电源线缆后，关闭新泰达通信电源交流输入空开，所有通信设备由中兴电源单路供电，负载电流为 60A。因新泰达通信电源双路交流输入接线不规范，在拆除交流输入线缆时，第 2 路交流输入与中兴通信电源交流输入端并联并未断电，工作人员同时断开中兴通信电源的交流输入线缆，以断开新泰达与中兴电源的并联接线。此时两台通信电源交流输入全部中断，由中兴通信电源的蓄电池组为通信设备供电，负载电流为 60A。

拆除两台电源并联线缆后，工作人员开始恢复中兴电源交流供电，以保证随后更换过程中通信设备供电的可靠性。此时恢复中兴电源所需整流能力为 500Ah 蓄电池组均充电流 50A 与负载电流近 60A 之和，已经超过了中兴电源整流能力（90A）。在现场工作人员恢复交流供电后，中兴电源未承受住瞬时大电流冲击，导致 A 相所带整流模块出现故障，监控模块出现异常，此时仅有 2 个整流模块为所有负载提供电流，额定输出 60A，远小于总负载电流。中兴电源为保护二次下电所带设备安全稳定运行，启动限流输出，并逐步切断一次下电所带设备，造成一次下电所带 NEC 设备断电。由于故障时间短，蓄电池状态已由均充改为浮充，此时 2 个整流模块能够满足负载供电，恢复一次下电供电，NEC 设备恢复供电。

在 NEC 设备恢复供电后，因该设备已投运 14 年，设备老化严重，重启失败，所承载业务全部中断。

（2）故障原因。两套通信电源交流接线不符合运行要求。省网 NEC U-Node 满足双电源接入要求，两路直流分别通过新泰达电源（二次下电）和中兴电源（一次下电）供电，开关容量满足供电需求。承载重要业务的光通信设备应接在二次下电侧，通信电源保障重要设备安全稳定运行，会在出现故障时自动切断一次下电侧负载设备供电，导致通信设备失电，影响通信业务正常运行。NEC U-Node 设备中兴电源侧供电接在一次下电侧，发生故障时会被切断供电，此时 NEC 设备只有新泰达电源单路供电。

两台通信电源整流容量和整流模块数量未按照规定配备。新泰达电源负载电流为 53A，整流容量配置为 50A×3，中兴电源负载电流为 6A，整流容量配置情况为 30A×3。按照规程规定核算，新泰达电源整流容量不得低于 180A，中兴电源整流容量不得低于 160A，根据电源配置计算，新泰达电源需要配置 5 块整流模块，中兴电源需配置 7 块整流模块。

在工作过程中未做好应急预案，使两套通信电源短时交流失电，通信设备处于蓄电池供电状态。

两台通信电源超期服役，已不能满足安全稳定运行要求。

中兴电源整流模块已停产，无法购置补充，未做到整流模块 $N+1$ 配置要求。

（3）现场处置情况。两台通信电源失电时间较短，蓄电池均充状态很快转为浮充，2 个整流模块能够满足负载供电，恢复一次下电供电，NEC 设备恢复单路供电。

运维人员发现 NEC 设备故障后，立即向省公司汇报情况。依据"先抢通、后修复"的原则，一方面立即制订紧急迁回方案，对所涉及业务进行紧急迁回，将影响业务抢通。另一方面与现场工作人员核实具体情况，确定设备故障板卡，紧急安排抢修人员携带备用板卡赶赴现场处置。在抢修人员更换主控板、交叉板后，NEC 设备恢复正常，网管人员将业务恢复。

3. 通信电源母联后输出电流为零故障

（1）故障基本情况。某变电站两台通信电源其中一台无输出电流，两台电源浮充电压均为 53.5V 无异常。

（2）故障原因。实测故障电源无输出电流，输出端电压正常，确认直流屏母联开关处于合闸状态，分析故障电源输出存在短路情况。

（3）现场处置情况。当电源系统处于正常供电状态时，根据规程要求，母联开关应处于断开状态。由于该站点双套电源直流屏母联开关合闸运行，两套电源母排电压差别较大，导致一台电源输出过载，熔断器熔断，发生故障。测量故障电源输出熔断器已熔断，断开母联开关，更换熔断器，故障排除，经调试两电源输出均衡。

5.3.3 电源监控类通信电源故障案例

1. 电源监控故障

（1）故障基本情况。某站点电源室 1 号鲁能通信电源出现电池故障告警，网管监测到电池电流为 65534A。

（2）故障原因。鲁能通信电源未完全将协议添加至综合监控设备，综合网管处无法识别负值电流导致数据溢出，引发告警，将协议补充完整后，告警即消除。

（3）现场处置情况。抢修人员接到通知后，迅速到达通信电源室，观察设备面板，发现设备无告警，电池电流显示为 −0.8A。使用钳形电流表测量实际电流与电源面板显示数值大致相同，判定电源输入正常。查看蓄电池，蓄电池无漏液、腐蚀等现象，初步判断为综合监控系统故障。

经排查，确认鲁能电源未完全将协议添加至综合监控设备，导致综合监控无法识别负值电流，引发数据溢出告警，补全协议后，告警消除。

2. 电源监控模块通信中断故障

（1）故障基本情况。某公司通信机房通信电源监控模块故障，造成通信中断，监控系统告警。

（2）故障原因。通信电源交流输入瞬间过压、欠压、过温等原因导致监控模块保护，造成模块通信中断，无法监控下级模块正常运行参数，监控系统无法监控。

（3）现场处置情况。抢修人员首先断开监控模块交流供电，发现直流检测线存在接头松动，进行紧固后，再恢复交流供电，监控模块恢复正常工作，系统恢复正常运行。

3. 通信电源监控模块故障

（1）故障基本情况。通信调度发现动力环境监控显示某变电站易达高频开关电源破译量无显示，直采量显示正常。

（2）故障原因。易达高频开关整流屏监控模块故障。

（3）现场处置情况。通信调度将此异常现象通知电源专责后，电源专责通过动力环境监控系统测试至站内综合监控单元通道，可以 ping 通，判断此故障为易达高频开关监控模块至站内综合监控单元线缆存在问题。

安排抢修人员携带监控模块备件至现场处理，检查发现站内易达高频开关监控模块无显示。更换监控模块，并进行充电电压、限制电流等数据配置后，监控显示恢复，与通信调度核实现场数据与远端监控数据一致，故障处置完毕。

5.3.4　系统配置类通信电源故障案例

1. 通信电源母线电压瞬落故障

（1）故障基本情况。某变电站通信电源故障，站内多台光传输设备发生重启，西门子、马可尼光传输设备全部光路发生短时中断。

（2）故障原因。在 2 号开关电源内的 1 号整流模块输出端子插座内，有细金属异物。在输出直流母线并列运行工况下，由于 2 号电源比 1 号电源电压高 0.6V，母线负载电流将向 2 号电源转移，随着电流的增大，在 1 号整流模块输出端子的正负极间出现瞬间放电，导致母线电压瞬间跌落，在异物烧融后即恢复正常。

（3）现场处置情况。根据站内的通信设备基本都产生告警的状况，通信调度初步判断为站内通信电源故障。通信调度从网管上发现上述通信设备相继自动重启成功，业务全部恢复。通信抢修人员发现通信电源出现母线欠压告警，通过现场现象进一步查明故障原因。

2. 通信电源并联熔断器熔断故障

（1）故障基本情况。某变电站通信机房因新增大功率传输设备，1 号开关电源总负载电流增加约 50A，负载电流已经超过开关电源负载侧熔断器熔断值 160A，2 号开关电源单个熔断器为 250A，由于开关电源与直流屏采用熔断器并联方式连接（通信机房配置 2 套独立开关电源，每套开关电源通过 2 个并联的熔断器连接了独立的直流分配屏），1 号熔断器故障的情况下，2 号熔断器因无法承载总负载，发生熔断。由于通信电源设备及负载设备的 1+1 保护，负载设备正常运行。

（2）故障原因。在负载侧采用多个熔断器并联运行，当一个熔断器故障时，总负载超过另一个熔断器的熔断值，出现熔断器熔断。

（3）现场处置情况。抢修人员带备件到达现场后，发现直流分配屏 1 号无直流输入。抢修人员对 1 号开关电源熔断器进行更换，将 2 个 160A 熔断器更换为 2 个 250A 熔断器，系统恢复正常运行。

3. 通信电源空开越级跳闸故障

（1）故障基本情况。某 110kV 变电站新泰达开关电源故障，导致华为传输设备、阿尔卡特传输设备等多套设备掉电，造成本站通信业务中断。

（2）故障原因。新泰达开关电源屏 1 号整流模块故障短路（1 号整流模块交流空开 60A，新泰达电源输入三相交流空开容量 100A，主控室馈电屏空开容量 30A），空开容量级差不匹配，引起主控室馈电屏越级跳闸。由于该站电源系统故障，蓄电池后续供电 22h 后容量放空，设备断电。

（3）现场处置情况。抢修人员更换故障的整流模块，更换主控室馈电屏空开，容量达到 100A，系统恢复供电。

4. 通信电源母线温度过高故障

（1）故障基本情况。某 750kV 变电站共有 2 套通信电源，每套通信电源各配有 4 个整流模块和一组蓄电池，电源整流容量为 200A，蓄电池容量为 500Ah。问题为 2 号通信电源至 2 号直流分配屏母线连接线缆温度过高，存在安全隐患，未影响业务运行。

（2）故障原因。该站点通信电源超期服役，电源线缆设计线径在设计时符合要求，随着运行负载增加，负载电流上升，线缆线径已不满足当前需求，导致线缆高温。

（3）现场处置情况。2 号通信电源承载 750kV 线路保护 6 套、330kV 线路保护 6 套，经与省调核实，所涉保护业务多，无法退出所有保护业务，不能采用直流分配屏停电方式进行隐患消除。为保障隐患处理过程中设备正常运行，利用应急通信电源开展本次电源抢修工作。应急通信电源系统最大整流容量为 300A，交流输入侧连接站用变 380V 交流，直流输出侧并联至直流分配屏母线，在 2 号通信电源断开后为负载提供稳定直流输出。

电源抢修工作流程如下：

1）应急通信电源组装及布线连接。

2）应急通信电源输入侧连接站用变电源 380V 交流，输出侧并联至直流分配屏母线连接铜排。

3）为避免负载过高造成意外情况发生，计划在抢修过程中对具有主备电源的传输设备（一级华为，一级中兴，二级华为，二级 ECI，三级阿尔卡特一、二平面等设备）在 2 号通信电源的输出关闭，应急电源仅对单路供电的保护设备供电，经现场测试，负载电流为 10A。1 号通信电源正常工作，负载电流为 80A。

4）关闭传输设备第二路空开，确认各单路供电设备运行正常后，开启应急通信电源。在应急电源系统开启并联供电后，关闭 2 号通信电源。

5）确认 2 号通信电源关闭后，更换问题电源线缆。

6）问题线缆更换完毕后开启 2 号通信电源。

7）待负载电流等数值稳定后关闭应急通信电源。

8）2 号通信电源稳定工作后，依次开启关闭的传输设备空开。

9）确认现场数值均稳定后向各相关单位部门核实设备及业务恢复情况。

5. 通信电源参数配置不当故障

（1）故障基本情况。某省通信调度通过动力环境监控网管监视发现某地调通信电源蓄电池放电，交流运行正常，业务未受影响。

（2）故障原因。该地调通信电源蓄电池容量为 500Ah，通信电源厂家为保证在交流输入中断的情况下，蓄电池放电电流维持在 10h 放电率对应的额定输出电流以下，将输出电流门限设置为 50A。在 IMS 设备安装接电时，未对电源容量进行详细校核，未发现参数设置问题，导致故障发生。

（3）故障处置情况。抢修人员首先将临时接入的 IMS 设备负载断开，恢复通信电源正常供电，然后对通信电源进行软件升级，将门限电流调整至 200A，消除缺陷。

5.3.5　设备质量类通信电源故障案例

1. 通信电源主控紊乱故障

（1）故障基本情况。某变电站通信电源设备故障，站内一、二、三级通信网通信设备断电，除未使用该电源的光纤保护、备用线路保护等业务外，通信业务全部中断。

（2）故障原因。该变电站近期新增三级网 OTN 设备，由于通信电源设备自身存在缺陷，OTN 设备启动时，在瞬间大电流（约 50A）冲击下激活了通信电源主控单元的软件 BUG，启动限流功能（60A），改变了通信电源的运行方式（产品设计缺陷），致使电源工作状态紊乱，蓄电池欠压运行，放电过程中无电源监控告警，当放电至 −43.2V 时，监控模块对蓄电池进行保护，切断输出，使负载掉电。

（3）现场处置情况。变电站值班人员应急切除三级网部分设备负载。抢修人员到达现场后，重启通信电源主控单元后，通信电源直流输出电压恢复正常。

2. 通信电源蓄电池故障

（1）故障基本情况。某省通信调度发现某 500kV 变电站电源系统 1 号通信电源市电失电告警，思科传输网管上报思科传输设备单路短时失电告警，其他设备网管无告警。

之后通信调度再次发现该变电站 1 号电源系统市电失电告警，思科网管再次上报该变电站思科传输双路供电电源出现单路短时失电告警，地调华为网管系统发现该变电站华为传输设备出现单路短时失电告警，通过地调网管查询信息，该变电站两套爱立信设备电源未中断。

省通信调度根据告警信息，初步判断为该变电站 1 号通信电源存在问题，通知检修人员去现场进行故障处理；同时，地市通信调度接到省信通通知，告知该变电站省网阿朗、思科光传输双路供电电源同时出现单路失电告警。

该变电站通信机房内共有 2 套独立的通信电源，每套电源分别含一套整流单元一套分配单元、一组蓄电池组（2V×24 节），整流电源共有 6 个整流模块，蓄电池组均为 400Ah。两组电源自投运以来，每套整流电源屏只设计一路市电供电，柜内无市电切换装置。

该变电站 2 号通信整流电源至 2 号直流配电屏电压正常，相关负载不受影响。

（2）故障原因分析。检修人员到达现场发现故障由站用电切换试验工作引起。结合通信电源监控系统进行告警记录查询，判断：运行人员对站用电源（1 号通信电源交流侧输入电源）做切换试验时，1 号通信整流电源屏交流输入中断，由于电池组投运超过 11 年，服役时间过长，个别电池劣化导致整组电池性能衰退，1 号蓄电池组短暂放电后直流输出电压下降明显，低于设备运行电压后，引起部分设备供电失去。

（3）现场处置情况。抢修人员到达现场时，迅速告知变电站运维人员，在通信电源蓄电池整改未完成之前，不得中断通信交流电源；通知通信调度监控人员加强对通信电源蓄电池组的监控；同时，迅速从其他站点调拨蓄电池组备品备件，并完成了两组蓄电池的应急更换工作，确保了站点各类设备电源的后备支撑。

3. 通信电源母排与背板烧灼故障

（1）故障基本情况。某地市运维人员在通信电源隐患专项检查工作中，发现某 500kV 变电站开关电源的模块背板与母排存在烧灼痕迹。

（2）故障原因。经检查，确认为电源母排与模块背板间隙过近（1cm），在模块安装过程中由于外力迫使母排与模块背板接触，导致短路引起烧灼。因母排烧灼后产生变形，间隙缩进（0.5cm），且母排尺寸变细，有效截面积大幅减少，严重威胁电源系统正常运行。

（3）现场处置情况。针对间隙过近问题，通过加装绝缘措施，提升安全绝缘距离。

针对母排有效截面积下降问题，通过并接铜排，提升母排有效截面积。

5.3.6　一体化通信电源故障案例

1. 一体化电源逆变模块故障

（1）故障基本情况。某 110kV 变电站一体化电源故障，导致站内通信设备掉电，业务中断。

（2）故障原因。该站点一体化电源 AC/DC 逆变模块故障，导致该站所有通信设备掉电。

（3）现场处置情况。抢修人员到达现场后，发现占用一体化电源故障，更换逆变装置后，通信设备恢复供电。

2. 一体化电源直流输入失电故障

（1）故障基本情况。某地市 ECI 光传输系统网管告警显示某 220kV 变电站内设备出现一路电源模块 Power Failure 告警，同时核实综合数据网路由器和调度数据网设备两路电源工作情况，发现 1 路工作电源也失电，判断该变电站 1路 DC/DC 屏失电。

（2）故障原因。该 220kV 变电站一体化电源，配置的直流电压转换模块

（DC/DC 模块）未采用防尘设计，散热风扇长期运行导致模块内部积尘严重，其中一只直流电压转换模块功率管散热不良而热击穿，使直流输入回路短路，造成熔断管熔断，直流输入总空开跳闸。另外，2 个直流电压转换模块因直流输入失电而停止输出，进而导致该站通信设备、信息设备及调度数据网设备第 2 路工作电源失电。

由于该站尚未配置动力环境监控系统，一体化电源设备老旧，且不具备直流电压转换模块（DC/DC 模块）告警遥信信号输出，因此未能将 −48V 电源设备故障情况上传至 24h 有人值班监控系统中，导致故障发现与处置不及时。

（3）现场处置情况。抢修人员到站排查后发现，变电站控制室 2 号 DC/DC 屏（2 号通信电源屏）已全部失电，屏柜内所有指示灯全部熄灭，直流电流表和直流电压表均无显示。2 号 DC/DC 屏（2 号通信电源屏）直流输入空开跳闸，站用直流电源馈线屏 2 号通信电源柜电源空开处于合闸状态。

抢修人员办理工作票后，立即开始检查 2 号 DC/DC 屏内零部件情况。断开站用直流电源馈线屏 2 号通信电源柜电源空开及 2 号 DC/DC 屏（2 号通信电源屏）各 −48V 馈线空开，测量 2 号 DC/DC 屏（2 号通信电源屏）直流输入空开跳闸下端正负极电阻，发现其处于短路状态。仔细观察 220V 直流输入回路电缆，没有发现异常状况，推断 DC/DC 模块箱内存在短路情况使 220V 直流输入空开跳闸。逐一取下 DC/DC 模块检查，发现 3 号 DC/DC 模块散热孔处有放电炭黑，通过模块散热孔观察 3 号 DC/DC 内部，发现内部电路板发黑，熔断管金属帽烧穿。测量 3 号 DC/DC 220V 直流输入正负极，发现处于短路状态，表明 3 号 DC/DC 模块已经损坏。考虑到 2 号 DC/DC 屏（2 号通信电源屏）−48V 输出总负荷电流约 20A，2 个模块完全能够承担 −48V 输出总负荷电流，所以直接将 3 号 DC/DC 模块退出运行，合上 220V 直流输入空开及 2 号 DC/DC 屏（2 号通信电源屏）各 −48V 馈线设备空开，2 号 DC/DC 屏（2 号通信电源屏）恢复正常工作状态，所有负载设备恢复正常运行，ECI 光传输设备电源模块告警指示灯灭。后经网管系统查实中断的电源回路恢复，故障处置完毕。

5.3.7　铅酸蓄电池常见失效原因分析

1. 正极板栅腐蚀

正极板栅腐蚀是电池使用过程中的正常电化学反应，为板栅由 Pb 逐渐转

化为 $PbSO_4$ 的过程。

加速正极板栅腐蚀的因素包括:

(1) 参数设置不合理,充电电压过高,电池过充电,板栅腐蚀速率越快。

(2) 电池使用环境温度过高,腐蚀速度加快。

(3) 电解液密度越高,板栅腐蚀速率越快。

(4) 板栅合金材质不纯,或铸造工艺不合理,板栅内部存在气孔。

(5) 板栅厚度设计太薄,设计板栅厚度应高于 3.0 mm。

2. 正极活性物质泥化

泥化原因包括:

(1) 电池充放电过程中,正极活性物质在 PbO_2 和 $PbSO_4$ 之间转化。

(2) 正极反应物的体积变化,$PbSO_4$ 体积是 PbO_2 体积的 2.68 倍。

(3) 正极活性物质是非常坚硬的网络结构,正极活性物质的体积在不断反复收缩和膨胀,使二氧化铅粒子之间的相互结合逐渐减弱,造成正极活性物质泥化。

影响因素有:

(1) 频繁放电,加速正极活性物质的体积膨胀和收缩,从而导致电池极板的快速软化。

(2) 参数设置不合理,电池过充电或过度放电,正极活性物质体积变化过大,加快活性物质软化速率,提前失效。

3. 负极硫酸盐化

电池运行中负极活性物质形成粗大硫酸铅晶体,难于充电恢复。

负极硫酸盐化的主要影响因素有:

(1) 放电后不及时充电或长期充电不足。

(2) 充电参数设置不合理(电压低、电流小、均充时间短等)。

(3) 低温运行下没有温度补偿功能。

4. 电池失水

(1) 电池失水的原因有:

1) 电池充电后期存在副反应,有气体析出;

2) 水分损失达到一定程度,内阻增大,离子传送速率降低,容量下降。

(2) 水分损失的路径有:

1) 通过安全阀失水;

2）通过蓄电池壳体失水。

（3）加快水分损失的因素有：

1）充电电压过高；

2）充电电流大；

3）电池内部温度高；

4）运行环境温度高；

5）电池密封不良（安全阀、端子、槽盖）；

6）壳体裂纹。

5. 热失控

热失控的原因有：

（1）工作环境温度过高或充电电压过高，没有配置温度补偿功能。

（2）蓄电池内部温度升高，导致电池内阻下降，充电电流又升高，导致内阻进一步降低，持续恶性循环。

（3）开关电源故障、参数设置不合理，导致电池过充电。

（4）安全阀失效，电池内部压力过大。

6. 容量不足

容量不足的原因有：

（1）个别端柱连接不紧固，使得电池组连接电阻增加，连接部位发热，整组电池欠充电。

（2）个别电池接反，导致放电容量不足。

（3）充电电压低，导致电池充电不足。

（4）充电电流小，整流器模块不足，限流低，充电时间短。

（5）过充电（充电电压过高、充电电流过大或充电时间过长）导致水损失过快、板栅腐蚀加速、活物质劣化加速。

（6）过放电或放电后未能及时充足电，导致负极板不可逆硫酸盐化。

（7）开关电源没有温度补偿功能，环境温度变化后未能及时调整充电电压，致使电池过充和欠充等。

（8）储存时间过长，未及时进行补充电。

7. 漏液

（1）电池漏液主要表现有：

1）壳体侧棱出现裂纹，电池侧棱出现漏液；

2）电池槽盖间漏液；

3）接线端子间漏液；

4）安全阀处漏液。

（2）电池漏液的原因有：

1）壳体材料不稳定；

2）端子或槽盖密封工艺不良；

3）安全阀失效或未拧紧；

4）电池安装、搬运过程中造成外力碰撞。

8. 过放电

蓄电池容量测试时只能放出额定容量的 70%。该站点为运营商通信基站，停电频率平均每月 2 次左右，停电时长 6h。某日蓄电池组与开关电源未断开，开关电源存在 1～2A 放电。

（1）原因分析：小电流过放电导致蓄电池组过放电并且长时间未充电，蓄电池组出现硫酸盐化容量衰减。

（2）预防措施：

1）新建基站安装完成后蓄电池组不能接入电源系统，熔断丝断开，最好将蓄电池组连接线不接通；

2）蓄电池组安装完成后进行补充电，确保蓄电池满荷电；

3）蓄电池若储存过长，要按维护规程进行定期补充电。

9. 着火

（1）着火原因有：

1）铜排与接线端子间连接未紧固或松动；

2）充放电时有大电流通过。

（2）预防措施如下：

1）连接时连接件放置顺序铜排→平垫→弹簧垫→螺栓，连接应牢固；

2）电池连接的扭矩应为 12～14N/m；

3）必须确保使用弹簧垫并将弹簧垫压平、压紧；

4）采用阻燃壳体材料。

5.4 常用工器具

5.4.1 常用工器具

1. 万用表

万用表（见图 5.1）是一种带有整流器的，可以测量交、直流电流、电压及电阻等多种电学参量的磁电式仪表，又称多用电表或多用表。对于每一种电学量，一般都有几个量程。万用表是由磁电系电流表（表头）、测量电路和选择开关等组成的。通过选择开关的变换，可方便地对多种电学参量进行测量。其电路计算的主要依据是闭合电路欧姆定律。万用表种类很多，一般分为指针式万用表和数字万用表，还有一种带示波器功能的示波万用表，是一种多功能、多量程的测量仪表。数字式万用表灵敏度高，精确度高，显示清晰，过载能力强，便于携带，使用也更方便简单，已成为主流。

2. 钳形电流表

钳形电流表（见图 5.2）简称钳形表，其工作部分主要由一只电磁式电流表和穿心式电流互感器组成。穿心式电流互感器铁心制成活动开口，且成钳形，故名钳形电流表。是一种不需断开电路就可直接测量电路交流电流的携带式仪表，在电气检修中使用非常方便，应用相当广泛。

图 5.1　万用表

图 5.2　钳形电流表

钳形表可以通过转换开关的拨档，改换不同的量程。但拨档时不允许带电进行操作。钳形表一般准确度不高，通常为 2.5～5 级。为了使用方便，表内还有不同量程的转换开关供测不同等级电流以及测量电压之用。

钳形表最初是用来测量交流电流，但是现在万用表有的功能它也都有，可以测量交直流电压、电流、电容容量、二极管、三极管、电阻、温度、频率等。

钳形表的工作原理和变压器一样。初级绕组就是穿过钳形铁心的导线，相当于一匝变压器的一次绕组，这是一个升压变压器。二次绕组和测量用的电流表构成二次回路。当导线有交流电流通过时，这一匝绕组产生了交变磁场，在二次回路中产生了感应电流，电流的大小和一次电流的比例，相当于一次和二次绕组匝数的反比。

测量电流时，按动扳手，打开钳口，将被测载流导线置于穿心式电流互感器的中间，当被测导线中有交变电流通过时，交流电流的磁通在互感器二次绕组中感应出电流，该电流通过电磁式电流表的线圈使指针发生偏转，在表盘标度尺上指出被测电流值。

测量时应注意：

（1）测量前要机械调零。

（2）选择合适的量程，先选大后选小量程，或看铭牌值估算。

（3）当使用最小量程测量，其读数还不明显时，可将被测导线绕几匝，匝数要以钳口中央的匝数为准，则读数＝指示值×量程/满偏×匝数。

（4）测量完毕，要将转换开关放在最大量程处。

（5）测量时，应使被测导线处在钳口的中央，并使钳口闭合紧密，以减少误差。

3. 红外测温仪

红外热像仪（见图 5.3）一般分光机扫描成像系统和非扫描成像系统。光机扫描成像系统采用单元或多元（元数有 8、10、16、23、48、55、60、120、180 甚至更多）光电导或光伏红外探测器，用单元探测器时速度慢，主要是帧幅响应的时间不够快多元阵列探测器则可做成高速实时热像仪。非扫描成像的热像仪，如近几年推出的阵列式凝视成像的焦平面热像仪，属新一代的热成像装置，在性能上大大优于光

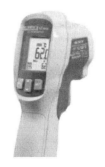

图 5.3　红外热像仪

机扫描式热像仪，有逐步取代光机扫描式热像仪的趋势。其关键技术是探测器由单片集成电路组成，被测目标的整个视野都聚焦在上面，并且图像更加清晰，使用更加方便，仪器非常小巧轻便，同时具有自动调焦图像冻结，连续放大，点温、线温、等温和语音注释图像等功能。仪器采用 PC 卡，存储容量可高达 500 幅图像。

红外热电视是红外热像仪的一种，其通过热释电摄像管（PEV）接受被测目标物体的表面红外辐射，并把目标内热辐射分布的不可见热图像转变成视频信号。因此，热释电摄像管是红外热电视的光键器件，它是一种实时成像、宽谱成像（对 3～5μm 及 8～14μm 有较好的频率响应）具有中等分辨率的热成像器件，主要由透镜、靶面和电子枪三部分组成。其技术功能是将被测目标的红外辐射线通过透镜聚焦成像到热释电摄像管，采用常温热电视探测器和电子束扫描及靶面成像技术来实现。

光学系统汇集其视场内的目标红外辐射能量，视场的大小由测温仪的光学零件及位置决定。红外能量聚焦在光电探测仪上并转变为相应的电信号。该信号经过放大器和信号处理电路按照仪器内部的算法和目标发射率校正后转变为被测目标的温度值。除此之外，还应考虑目标和测温仪所在的环境条件，如温度、气氛、污染和干扰等因素对性能指标的影响及修正方法。

一切温度高于绝对零度的物体都在不停地向周围空间发出红外辐射能量。物体红外辐射能量的大小及其按波长的分布与它的表面温度有着十分密切的关系。因此，通过对物体自身辐射红外能量的测量，便能准确地测定它的表面温度，这就是红外辐射测温所依据的客观基础。

物体发射率对辐射测温有影响，所有实际物体的辐射量除依赖于辐射波长及物体的温度之外，还与构成物体的材料种类、制备方法、热过程以及表面状态和环境条件等因素有关。因此，为使黑体辐射定律❶适用于所有实际物体，必须引入一个与材料性质及表面状态有关的比例系数，即发射率。该系数表示实际物体的热辐射与黑体辐射的接近程度，其值在零和小于 1 的数值之间。根

---

❶ 黑体辐射定律：黑体是一种理想化的辐射体，它吸收所有波长的辐射能量，没有能量的反射和透过，其表面的发射率为 1。应该指出，自然界中并不存在真正的黑体，但是为了弄清和获得红外辐射分布规律，在理论研究中必须选择合适的模型，这就是普朗克提出的体腔辐射的量子化振子模型，从而导出了普朗克黑体辐射的定律，即以波长表示的黑体光谱辐射度，这是一切红外辐射理论的出发点，故称黑体辐射定律。

据辐射定律，只要知道了材料的发射率，就知道了任何物体的红外辐射特性。

影响发射率的主要因素有材料种类、表面粗糙度、理化结构和材料厚度等。

当用红外辐射测温仪测量目标的温度时，首先要测量出目标在其波段范围内的红外辐射量，然后由测温仪计算出被测目标的温度。单色测温仪与波段内的辐射量成比例；双色测温仪与两个波段的辐射量之比成比例。

为了获得精确的温度读数，测温仪与测试目标之间的距离必须在合适的范围之内，所谓"光点尺寸"（spot size）就是测温仪测量点的面积。距离目标越远，光点尺寸就越大。距离与光点尺寸的比率，或称 D:S。在激光瞄准器型测温仪上，激光点在目标中心的上方，有 12mm（0.47 英寸）的偏置距离。

在定测量距离时，应确保目标直径等于或大于受测的光点尺寸。"1 号物体"（object 1）与测量仪之间的距离正，因为目标比被测光点尺寸略大一些。而"2号物体"距离太远，因为目标小于受测的光点尺寸，即测温仪同在测量背景物体，从而降低了读数的精确性。

4. 熔断器操作手柄

熔断器操作手柄（见图 5.4）也称熔断器手柄或熔断器装卸手柄，主要用于低压配电系统中的熔断器拆卸操作。使用中先将熔体的拉钩卡在载熔件下面的孔（载熔件下面的两个孔根据熔断器的拉钩高度选用）里，按下红色按钮，熔体上面的拉钩可以卡进载熔件上面的孔里，然后松开红色按钮，拉动手柄就可以把熔体拉出来或按进去了，再按下红色按钮，就可以把载熔件从熔体上取下。

5. 其他通用工器具

需提前准备绝缘手套、扳手、螺丝刀等安装设备所需的通用工器具。

5.4.2　专用工器具

1. 蓄电池充放电测试仪

蓄电池充放电测试仪（见图 5.5）是用来实现蓄电池充放电试验的仪器，其主要功能如下：

（1）具有蓄电池组恒流放电功能。恒流放电电流 0～30A 连续可调，能满足精确测量电力操作电源 220V 蓄电池组容量。

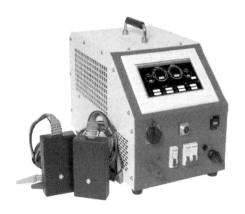

图 5.4 熔断器操作手柄   图 5.5 蓄电池充放电测试仪

（2）具有蓄电池组智能充电功能。充电电流 0～30A 连续可调，能满足蓄电池组的充电维护。

（3）具有在线监测功能和快速容量分析功能。实时在线监测、显示所有测试数据，包括电流、电池组电压、单体电池电压、放电时间、容量；在核对性放电试验结束时，能快速分析出各单体的剩余容量。

（4）具有活化功能：可以设定充放电循环次数，对蓄电池组进行活化，有效提高单体容量。

（5）具有单体电压检测功能，单体电压范围 1～16V，满足 2、6、12V 单体监测。

（6）具有完全深度放电功能，能满足 10h 连续放电测试，精确测量电池容量，并自动记录测试数据。

（7）背光式中文显示面板，在任何环境下均可清晰正常显示数据。

（8）安全电驿装置。安全电驿由本机微电脑控制，没有放电或警报时可完全与电池隔离。

（9）采用高效能放电专利合金材料，放电时负载无红热现象，即使冷却风扇停止，要求负载自动减少放电电流，不会产生红热危险现象。

（10）具备多项警报功能，包括适时发出警报，风扇故障报警并停止放电，极性接反等误操作提示功能，不损坏仪表。

（11）具备多项安全自动保护功能，如短路过流保护功能、温度过高等自动保护功能。

2. 接地电阻测试仪

接地电阻测量仪又叫接地电阻表（见图 5.6），是一种专门用于直接测量各种接地装置的接地电阻值的仪表，用于电力、邮电、铁路、通信、矿山等部门测量各种装置的接地电阻以及测量低电阻的导体电阻值，还可以测量土壤电阻率及地电压。

接地电阻测量仪主要由手摇发电机、电流互感器、电位器以及检流计组成，其附件有两根探针，

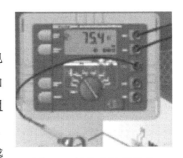

图 5.6　接地电阻测量仪

分别为电位探针和电流探针，还有 3 根不同长度的导线（5m 长的用于连接被测的接地体，20m 的用于连接电位探针，40m 的用于连接电流探针）。用 120r/min 的速度摇动摇把时，表内能发出 110～115Hz、100V 左右的交流电压。结构上采用高强度铝合金作为机壳，电路上为防止工频、射频干扰采用锁相环同步跟踪检波方式并配以开关电容滤波器，使仪表有较好的抗干扰能力。采用 DC/AC 变换技术将直流变为交流的低频恒定电流以便于测量。允许辅助接地电阻在 0～2kΩ（RC），0～40kΩ（RP）之间变化，以不影响测量结果。

接地电阻测量仪摒弃传统的人工手摇发电工作方式，采用先进的中大规模集成电路，应用 DC/AC 变换技术将三端钮、四端钮测量方式合并为一种机型的新型接地电阻测量仪。

工作原理为由机内 DC/AC 变换器将直流变为交流的低频恒流，经过辅助接地极 C 和被测物 E 组成回路，被测物上产生交流压降，经辅助接地极 P 送入交流放大器放大，再经过检波送入表头显示。借助倍率开关，可得到三个不同的量限，即 0～2Ω，0～20Ω，0～200Ω。

3. 蓄电池内阻测试仪

便携式蓄电池内阻检测仪又叫蓄电池内阻检测仪或蓄电池内阻测试仪（见图 5.7），在手持式蓄电池内阻检测产品中具有其独特的性能和科学的测试方法，具有蓄电池在线检测产品的检测功能，有强大的软件分析功能、数据处理功能、存储功能，是人工维护电源的专业检测仪表。可以用于电力、通信、交通、

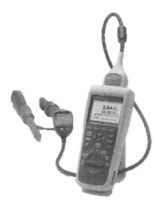

图 5.7　蓄电池内阻检测仪

金融、蓄电池生产企业、电动车生产厂、玩具厂、汽车修理的蓄电池质量检验，为蓄电池配组提供依据。

通过大量的试验得出：蓄电池的内阻值随蓄电池容量的降低而升高，也就是说，当蓄电池不断老化，容量在不断降低时，蓄电池的内阻会不断加大。通过这个试验结果可以得出，通过对比整组蓄电池的内阻值或跟踪单体电池的内阻变化程度，可以找出整组中落后的电池；通过跟踪单体电池的内阻变化程度，可以了解蓄电池的老化程度，达到维护蓄电池的目的。

对于 VRLA 蓄电池来说，如果内部电阻比基准值（平均值）增加 20%以上，蓄电池性能则会下降到一个极低的水平。这个值也是 IEEE STD 建议立即采取纠正措施（放电试验或更换）的标准。IBEX1000 根据这个建议基准将报警值设定为 20%。

至今为止，实际应用的判别蓄电池健康状态的方法只用 IEEE 推荐的标准，因此建议当蓄电池的内阻值增加 20%以上，应考虑对此单元电池采取纠正或更换措施。

测量单体电池的电压和内阻、自动估算容量，仪表可存储 255 组蓄电池数据、每组可存储 255 只电池的数据。可对蓄电池参数进行超限报警设置，对蓄电池故障进行报警、与上位机进行通信、进行数据传输、对数据进行保存、查询和删除。PC 机分析软件对上传的数据能够生成文件，可对文件自由操作，通过各种图表对数据进行分析和显示，自动生成电池检测报告。

直流测试时利用蓄电池放电给测试仪器，测量出加在蓄电池内阻上的压降，然后除以放电电流得出蓄电池内阻，一般的测试电流都很大，达到 50～80A。优点是测试准确、一致性好。缺点是测试电流大，必须把探头与蓄电池极柱稳定连接，如果接触不好会打出电弧，存在安全隐患。

交流测试时测试仪器会在蓄电池两端加一个已知频率和振幅的交流电压信号，测量出与电压同相位的交流电流值，其交流电压分量与交流电流的比值即为电池的内阻。优点是测试方法简单，不会影响蓄电池的工作状态，也不会产生安全隐患。缺点包括存在着易受充电器纹波电流和其他噪声源干扰的问题；有些设备不能在线（连接充电器和负载，并处于浮充状态）对电池进行测试；使用频率为 60Hz 或 50Hz 的交流测试电流不可取，因为这是充电器纹波和噪声源的主要频率。

第6章

蓄电池远程充放电新技术应用

随着电力网的扩大，蓄电池组数量急剧增加，有的地区地广人稀，个别变电站分布极为偏远，同时电网运行又要求蓄电池组进行精细化运维管理，导致运维人员承担的蓄电池系统维护工作急剧增大，难以做到对每一组蓄电池的最佳维护。若直流电源系统存在隐患，一旦交流系统故障，维护人员无法迅速到达现场进行维护抢修，变电站设备将面临停运风险，对电网的安全稳定运行造成恶劣影响。

蓄电池远程充放电系统通过对蓄电池组进行月度常态化充放电活化，解决蓄电池组长期处于浮充运行导致电池容量减少的缺陷。网管人员远程控制定期充放电，减少现场运维人员例行工作频次，提升工作效率，降低运维成本。建立蓄电池充放电核容模型，可为业务部门提供通道可用性数据支撑。

6.1 系统原理与架构

6.1.1 系统运行原理

1. 常态运行模式

通信电源 I、通信电源 II 母排与自维终端连接，电池组通过 SW–PB 动断触点连接自维终端充电模块；自维终端交流输入处于失电状态，使电池组直接与通信电源母排连接，如图 6.1 所示。

2. 电池组充放电模式（以通信蓄电池组 I 充放电为例）

（1）自维终端主机通过动环监测平台验证通信电源交流输入正常，控制通信电源 I、II AC/DC 模块退出，由自维终端 AC/DC 模块接管负载供电，验证 AC/DC 带载状态，正常进入维护模式；不正常，终止维护模式，如图 6.2 所示。

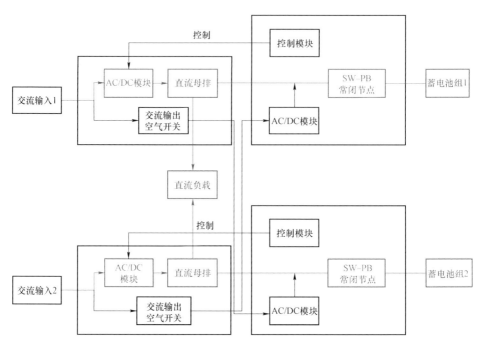

图 6.1　常态运行模式工作状态图

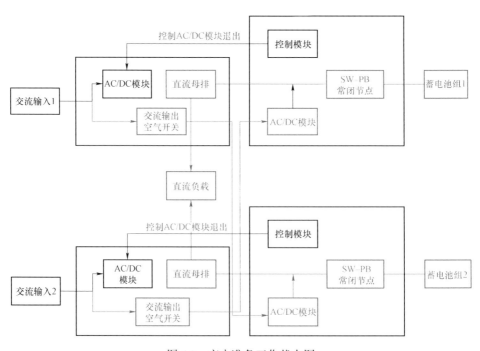

图 6.2　充电准备工作状态图

（2）控制单元指令自维终端Ⅱ AC/DC 电压下降到低压保护值（电池个数×1.8V），此时全部双路负载由通信电源Ⅰ母排供电，自维终端Ⅱ交流输入正常，保证通信电源Ⅱ上的单路负载正常供电。

（3）指令控制自维终端Ⅰ交流接入模块动断触点开路，充电机交流失电，形成蓄电池组Ⅰ至通信电源Ⅰ母排的放电回路。控制单元对电池电压、电流、单节电池电压、温度进行监测，某个参数出现风控值则终止维护模式。AC/DC 低压保护能保证电池组瞬间掉电时直流系统的正常稳定运行（测试环境下切换时间为 10ms，不影响各类设备正常运行），如图 6.3 所示。

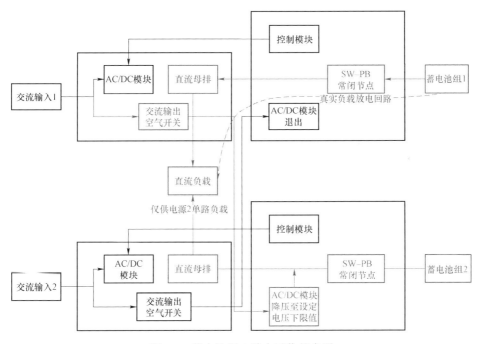

图 6.3　蓄电池组 1 放电工作状态图

（4）到达设定放电时间，指令恢复自维终端Ⅰ交流接入单元动断触点，恢复通信电源Ⅰ、Ⅱ AC/DC 模块运行。同时打开 SW－PB 动断触点，此时电池组Ⅰ与母排单向隔离，母排只供负载，不对电池组充电。充电机故障时，电池组对母排不间断供电，如图 6.4 所示。

（5）间歇 20min，指令提升自维终端Ⅰ AC/DC 电压到均流充电值（电池个数×2.35V）限流 I_{10} 对电池组均流充电，充电电流低于 5A 时，终止电池组维护模式，如图 6.5 所示。

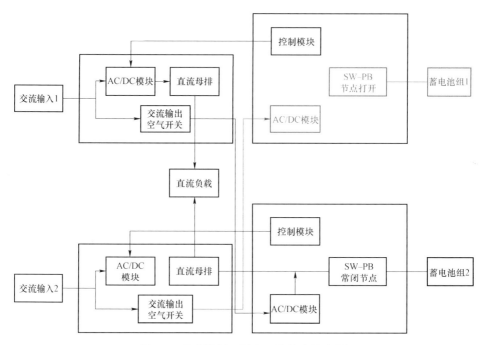

图 6.4　蓄电池组 1 放电工作结束状态图

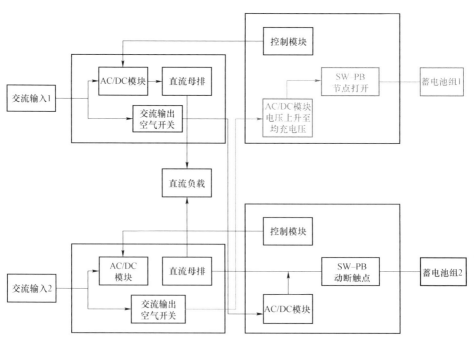

图 6.5　蓄电池组 1 充电工作状态图

控制模块原理如图 6.6 所示。

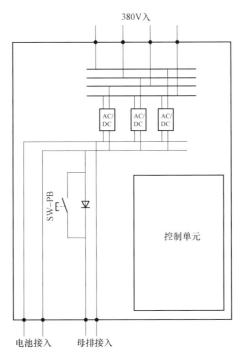

图 6.6　控制模块原理图

6.1.2　系统架构

蓄电池远程充放电系统共分为 5 个功能模块，分别为自动充放模块、状态展示模块、手动操作模块、充放参数模块、自检设置模块和网络配置模块。

（1）自动充放模块：设置自动充放定时参数，定期启用蓄电池巡检功能，并在服务器端生成相关报告。

（2）状态展示模块：当前母排电压、电池电流，当前蓄电池组每节蓄电池的端电压，且能够在服务器端同步展示，方便网管人员对蓄电池组进行日常监控。

（3）手动操作模块：运维人员可以通过蓄电池远程维护终端进行本地操作，同时设备支持展示蓄电池充放电曲线，验证蓄电池组功能。

（4）充放参数模块：运维人员通过对蓄电池组电压下限和均充电压上限进

行设置，根据现场实际情况调整系统保护灵敏度和均充强度。

（5）自检设置模块：设置蓄电池远程维护终端自检系统运行参数，保证在蓄电池组故障时系统能够转入保护运行状态，不影响通信设备的正常运行。

（6）网络配置模块：配置的蓄电池远程维护终端通过通信数据网与网管服务器进行连接，分配对应 ip 地址。

6.2 典 型 配 置

（1）500kV 站点局站负载大，单组蓄电池一般容量在 400Ah 以上，推荐部署 200A 蓄电池远程维护终端，如图 6.7 所示。

图 6.7　200A 蓄电池远程维护设备

（2）220kV 站点集控站负载相对较小，一般单组蓄电池容量在 300Ah 以下，推荐部署 60A 蓄电池远程维护终端，如图 6.8 所示。

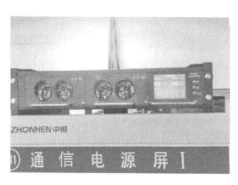

图 6.8　60A 蓄电池远程维护设备

6.3　安装步骤及要求

1. 安装前检查

（1）机房勘察。设备安装前应对机房进行施工前勘察，主要按如下步骤进行：

1）设备安装位置检查：查看机房中通信屏柜是否有 10U 剩余空间安装设备；查看待安装位置附近的走线架、走线孔和地板。

2）若机房屏柜内无剩余空间，可在机房高频开关电源屏顶部进行安装，需保证至少 60cm 的安装空间。

3）设备供电检查：查看设备接入交流电源的位置；电源是否有空余空开；查看设备供电的电缆布放路径。

（2）工器具与施工材料检查：

1）根据现场条件选择施工工器具，工器具应满足绝缘要求。

2）根据设备规格准备交流供电电缆、直流连接电缆和信号电缆。

3）根据现场条件准备辅材，如机架固定螺钉、线缆挂牌和扎带等。

（3）设备开箱检查：

1）联系厂家，确定到货物资的规格、型号。

2）联系厂家，确定安装辅材的规格与数量。

2. 设备安装

（1）设备固定：在机柜内部安装时，使用机架固定螺钉将设备固定在机柜内部，设备应稳固牢靠；在高频开关电源顶部安装时，需对高频开关电源进行柜顶打孔，使用支脚对设备进行固定。

（2）整机组装：将设备的直流接触单元与远程充放电设备进行组合。

3. 线缆敷设

该设备一般将高频开关电源部署在同一机房，一般采用走线架、槽道（桥架）或静电地板下敷设。

（1）按电源的额定容量选择一定规格、型号的导线，根据布线路由、导线的长度和根数进行敷设。

（2）沿地槽、走线架敷设的电源线要卡紧绑牢，布放间隔要均匀、平直、整齐，不得有急拐弯或凹凸不平现象。

（3）沿地槽敷设的橡皮绝缘导线（或铅包电缆）不应直接与地面接触，槽盖应平整、密封并油漆，以防潮湿、霉烂或其他杂物落入。

（4）电源线布放好后，两端均应腾空；在相对湿度不大于 75%时，以 500V 绝缘电阻表测量其绝缘电阻，应符合要求（2MΩ 以上）。

（5）根据负载支路与极性的不同，电池线与负载线每根电缆应备有线号和正负极标记，标记隔一定距离粘贴在电缆上。交流输入电缆应使用三相四芯电缆，直流接触单元电缆的正极连接电缆应使用红色或黑色，负载连接电缆应使用蓝色，接地电缆应采用黄绿（相间）色。当电缆线均采用同一颜色时应选用黑色，但必须做好线缆标识，避免相互混淆。

4. 交流输入线缆接入

交流输入线缆一般可以采用截面积 6mm² 的四芯铜芯软电缆，输入线与设备的连接端上锡后插入输入接线排的相应端子拧紧，连接时要在线头压接或焊接上大小合适的铜接线端子。

交流输入部分电气连线应特别注意两点：① 操作过程一定要确保交流输入断电，相关开关要加挂"禁止操作"标牌，或派专人值守；② 交流线路端子、接点及其他不必要的裸露之处，要采取充分的绝缘措施。

5. 直流接触单元线缆接入

直流接入单元线缆一般可以根据蓄电池容量的大小，采用截面积 16～35mm² 的四芯铜芯软电缆，将高频开关电源母排连接线和蓄电池充电连接线依次连接后，将相应端子拧紧。连接时，要在线头压接处选择大小合适的铜接线端子。

6. 接地线连接

保护地和工作地最好单独引出，分别接于接地体的不同点上，也可以各自引出集中接于接地汇流排上。接地线尺寸应符合通信设备接地标准。

（1）工作地连接：工作地一端接至工作地母排或专用端子，另一端用接线端子接用户地线排或机柜内接地螺栓。

（2）保护地连接：用 16mm² 以上导线将机壳接地点和接地螺栓连接。保护地和防雷地在设备出厂前已经连接到一起。

练习题及答案

练 习 题

一、单选题

1. 高频开关电源的二次下电功能的作用是（　　）。

    A. 避免蓄电池组过放电

    B. 保护整流器

    C. 切断部分次要负载，延长重要负载的后备时间

    D. 发出电池电压低告警

2. 高频开关电源系统的交流输入过压保护值的设定不应低于额定电压值的（　　）。

    A. 105%　　　　　B. 110%　　　　　C. 115%　　　　　D. 120%

3. 高频开关电源系统的交流输入欠压保护电压的设定不应高于额定电压值的（　　）。

    A. 90%　　　　　B. 80%　　　　　C. 70%　　　　　D. 60%

4. 高频开关电源应具有直流输出电源的限制性能，限制电流范围应在其额定值的（　　）。当整流器直流输出电流达到限流值时，整流器应进入限流工作状态。

    A. 100%～105%　　　　　　　　B. 105%～110%

    C. 110%～115%　　　　　　　　D. 115%～120%

5. 高频开关电源之所以称为高频，是因为它（　　）电路工作在高于工频几百至上千倍的频率范围上。

    A. 整流　　　　　　　　　　　B. 直流—直流变换

    C. 输入滤波　　　　　　　　　D. 输出滤波

6. （　　）UPS 中有一个双向变换器，既可以当逆变器使用，又可作为充电器。

A. 后备式   B. 在线互动式

C. 双变换在线式   D. 双向变换串并联补偿在线式

7.（　　　）变压器因受建筑消防规范的制约，不得与通信设备同建筑安装，一般与其他高、低压配电设备安装于独立的建筑内。

A. 油浸式   B. 干式   C. 自耦式

8. 1000Ah 的蓄池，10h 率电流放电时，电流是（　　　）。

A. 50A   B. 100A   C. 150A   D. 200A

9. 1000Ah 容量的蓄电池，以 500A 电流放电，放电率是（　　　）。

A. 1h   B. 2h   C. 3h   D. 10h

10. 1000Ah 以上直流供电回路接头压降（直流配电屏以外的接头）应符合（　　　）要求。

A. <2mV/100A   B. ≤3mV/100A

C. ≤5mV/100A

11. 2V 单体的蓄电池组均充电压应根据厂家技术说明书进行设定，标准环境下设定 24h 充电时间的蓄电池组的均充电压在（　　　）V/cell 之间为宜。

A. 2.23~2.25   B. 2.35~2.40   C. 2.30~2.35   D. 2.20~2.25

12. 2 台冗余并机的 UPS 系统，其所带的负载（　　　）。

A. 不能超过单机容量   B. 可大于单机容量

C. 只要小于 2 台机容量之和即可

13. 300V/500V 高压直流电送入功率变换器，功率变换器首先将高压直流电转变为低压直流电或脉动直流电，再经高频变压器降低，最后输入整流滤波得到所需要的（　　　）。

A. 高频交流脉冲电压   B. 高频直流脉冲电压

C. 低压直流电   D. 低压交流电

14. 3h 率蓄电池放电单体终止电压为（　　　）。

A. 1.70V   B. 1.75V   C. 1.80V   D. 1.85V

15. 4 节 12V30Ah 蓄电池并联后的电压是（　　　）。

A. 4V   B. 12V   C. 48V   D. 120V

16. −48V 直流供电系统要求全程压降不高于 3.2V，计算供电系统的全程压降是由（　　　）为起点，至负载端整个配电回路的压降。

A. 开关电源输出端   B. 配电回路输出端

C. 列头柜配电回路输出端   D. 蓄电池组输出端

17. 4 节 12V30Ah 蓄电池串联后的容量是（   ）。

   A. 30Ah   B. 60Ah   C. 90Ah   D. 120Ah

18. RS－422/485 比 RS－232 抗干扰能力强，主要原因是（   ）。

   A. 前者工作于电平方式   B. 前者工作于差分方式

   C. 前者具有组网能力   D. 前者通信距离可达 1200m

19. RS－422 通信电缆通信距离一般不能超过（   ）。

   A. 15m   B. 1200m   C. 15km   D. 无限制

20. RS－422 总线上连接的设备连接方式应为（   ）。

   A. 交叉连接   B. 同名端连接   C. 串联

21. UPS 的（   ）反映 UPS 的输出电压波动和输出电流波动之间的相位以及输入电流谐波分量大小之间的关系。

   A. 输出功率因数   B. 输出电压失真度

   C. 峰值因数   D. 输出过载能力

22. UPS 等使用的高电压电池组的维护通道应铺设（   ）。

   A. 绝缘胶垫   B. 防静电地板

   C. 地槽   D. 地沟

23. UPS 电源的交流输出中性线的线径一般（   ）相线线径的 1.5 倍。

   A. 不大于   B. 等于   C. 不小于   D. 不确定

24. UPS 和柴油发电机接口问题涉及 UPS 和柴油发电机两个自动调节系统，两者接口时出现的不兼容问题是两个系统相互作用的结果，可以在其中一个系统或两个系统内采取适当措施予以解决，过去最常用的方法是（   ）。

   A. 安装有源滤波器   B. 将发电机降容使用

   C. 采用 12 脉冲整流器

25. UPS 逆变器输出的 SPWN 波形，经过输出变压器和输出滤波电路将变换成（   ）。

   A. 方波   B. 正弦波   C. 电压   D. 电流

26. UPS 频率跟踪速率是指（   ）。

   A. UPS 输出频率跟随交流输入频率变化的快慢

    B. UPS 输出频率跟随直流输入频率变化的快慢

    C. UPS 输入频率跟随交流输出频率变化的快慢

    D. 以上皆非

27. UPS 应每（　　）检查主要模块和风扇电机的运行温度。

    A. 月　　　　　　B. 季　　　　　　C. 半年　　　　　　D. 年

28. UPS 在正常工作时，逆变器输出与旁路输入锁相，下列哪一个是锁相的目的（　　）。

    A. 使 UPS 输出电压值更加稳定

    B. 使 UPS 输出频率更加稳定

    C. 使 UPS 可以随时不间断地向旁路切换

    D. 以上答案都不正确

29. UPS 主路输入市电断电时，由（　　）。

    A. 电池逆变供电　　　　　　　　B. 切换到旁路供电

    C. 电池和旁路一起供电　　　　　D. UPS 停机

30. 安装密封蓄电池的机房应配有通风换气装置，温度不宜超过（　　），建议环境温度保持在（　　）之间。

    A. 30℃，10～25℃　　　　　　　B. 28℃，20～25℃

    C. 28℃，10～25℃　　　　　　　D. 25℃，10～25℃

31. 测量 250A 左右的直流电流时，采用钳流表的（　　）量程最合适。

    A. 直流 200A 档　　　　　　　　B. 直流 400A 档

    C. 直流 600A 档　　　　　　　　D. 直流 1000A 档

32. 测量通信直流供电系统全程压降使用的仪表是（　　）。

    A. 万用表　　　　B. 摇表　　　　C. 毫伏表　　　　D. 毫安表

33. 处于谐振状态的 RLC 串联电路，若增加电容 C 的值，则电路呈现出（　　）。

    A. 电阻性　　　　B. 电感性　　　　C. 电容性　　　　D. 不确定

34. 串口通信中，RS-232 的工作方式是（　　）。

    A. 单工　　　　B. 半双工　　　　C. 全双工

35. 垂直接地的接地体长度为 2.5m，则接地体之间的间距一般要大于（　　）。

A. 2.5m   B. 3m   C. 4m   D. 5m

36. 大、中型通信局（站）一般采（   ）高压市电，经电力变压器降为380V/220V 低压后，再供给整流器、不间断电源设备、空调设备和建筑用电设备。

A. 1kV   B. 6kV   C. 10kV   D. 35kV

37. 当 UPS 从逆变器供电向市电交流旁路供电切换时，逆变器频率与市电交流旁路电源频率不同步时，将采用（   ）的方式来执行切换操作。

A. 先接通后断开   B. 先断开后接通

C. 同时断开   D. 同时接通

38. 当电源供电系统的直流电压达到 −57V 时，监控系统应显示（   ）。

A. 电池告警   B. 电源告警   C. 高压告警   D. 低压告警

39. 当告警窗显示"整流器故障告警"时，应查看（   ）设备的信息。

A. 开关电源   B. 进线柜   C. 变压器   D. 蓄电池

40. 电池浮充电压随环境温度变化而变化：电池环境温度升高，充电电压降低；电池环境温度降低，充电电压上升。对于 2V 单体电压的铅酸蓄电池，一般每升高 1℃，浮充电压下降（   ）。

A. 4～7mV   B. 6～7mV   C. 3～5mV   D. 3～7mV

二、多选题

1. 低压交流供电系统自动切换包括（   ）。

A. 两路市电电源在低压供电系统上的切换

B. 市电与备用发电机组的切换

C. 通信楼电力机房交流引入电源的切换

D. 多路油机的切换

2. 高频开关电源的监控模块应具有交流输入（   ）等保护功能，故障恢复后，应能自动恢复正常工作状态。

A. 过压   B. 欠压   C. 缺相   D. 过流

3. 高频开关电源的主要电气技术指标有（   ）。

A. 机架高度   B. 输入电压范围

C. 输出电压精度   D. 输出平衡或杂音

4. 高频开关电源具有（　　　）的特点，并且可靠性高，因此已经完全替代相位控制型整流器。

  A. 体积小   B. 重量轻   C. 功率因数高 D. 效率高

5. 高频开关电源四大单元有（　　　）。

  A. 整流模块   B. 交流配电   C. 直流配电   D. 连接电缆

  E. 监控模块

6. 高频开关电源系统的模块地址设定，通常有（　　　）方式。

  A. 机架硬地址   B. 整流模块硬地址

  C. 软地址   D. 无地址

7. 高频开关型整流器主要由（　　　）部分组成。

  A. 工频整流电路   B. 直流—直流变换器

  C. 功率因数校正电路   D. 滤波器

8. 通信电源系统用蓄电池和 UPS 用蓄电池区别为（　　　）。

  A. 通信电源用蓄电池适合长时间小电流放电

  B. 通信电源用蓄电池适合短时间大电流放电

  C. 通信电源用蓄电池板栅比 UPS 用蓄电池薄

  D. 通信电源用蓄电池板栅比 UPS 用蓄电池厚

9. 通信局（站）的直流供电系统由（　　　）等组成。

  A. 整流设备   B. 直流配电设备

  C. 蓄电池组   D. UPS

  E. 逆变器

10. 下列关于设备更新周期的说明正确的是（　　　）。

  A. 高频开关整流变换设备 10 年 B. 交直流配电设备 15 年

  C. UPS 主机 12 年   D. 机房专用空调 8 年

11. 一般的 UPS 中都有（　　　）。

  A. 电池电压过低自动保护

  B. 逆变器输出过载或短路自动保护电路

  C. 逆变器过压自动保护电路

  D. 市电电压过高保护电路

12. 一台 80kVA 的 UPS 输出功率因数是 0.8，可带的负载是（　　　）。

A. 80kVA   B. 64kVA   C. 80kW   D. 64kW

13. 在低压配电系统中，谐波电流会带来（   ）危害。

    A. 增加配电损耗   B. 增加电容故障率

    C. 开关误动作   D. 影响油机带载率

14. 在动力监控系统中，系统管理模块重要的功能有（   ）等。

    A. 设备管理   B. 人员管理

    C. 权限管理   D. 局站管理

15. 在动力监控系统中，系统配置模块一般负责的功能包括（   ）等。

    A. 局站配置   B. 设备配置

    C. 采集信号配置   D. 告警条件配置

16. 在动力监控系统中，系统实时监控模块提供的功能一般有（   ）等。

    A. 告警显示   B. 实时数据浏览

    C. 远程控制   D. 告警处理

17. 在动力监控系统中，（   ）告警属于紧急告警。

    A. 烟感告警   B. 监控主机通信中断

    C. 发电机组紧急停机   D. 温度低告警

18. 在动力监控系统中，信号的配置可分为（   ）。

    A. 模拟信号的配置   B. 数字信号的配置

    C. 视频信号的配置   D. 控制信号的配置

19. 在动力监控系统中，（   ）属于开关量。

    A. 门禁   B. 水浸   C. 湿度   D. 红外

20. 直流供电系统的二次下电的容限电压设定值，应综合考虑（   ）和
（   ），合理设置，避免蓄电池组出现过放的现象发生。

    A. 整流器的容量   B. 蓄电池组的总容量

    C. 负载电流   D. 浮充电压

21. 直流供电系统工作接地的作用是（   ）。

    A. 用大地做通信的回路   B. 用大地做供电的回路

    C. 减少杂音电压   D. 防雷防过压

22. 直流供电系统具备（   ）保护功能。

    A. 输入过、欠压保护   B. 输出过压保护

    C. 输出短路保护　　　　　　　　　D. 过温保护

    E. 电池欠压保护

23. 直流配电屏按照配线方式不同，分为（　　　）。

    A. 低阻配电　　　　　　　　　　B. 中阻配电

    C. 高阻配电　　　　　　　　　　D. 高低压配电

24. 阀控式密封铅酸蓄电池失水的原因有（　　　）。

    A. 气体再化合的效率低　　　　　B. 电池壳体渗漏

    C. 板栅腐蚀消耗水　　　　　　　D. 自放电损失水

25. 阀控式密封铅酸蓄电池的隔板的主要作用是（　　　）。

    A. 防止正负极板内部短路　　　　B. 吸附电解液

    C. 传导汇流作用　　　　　　　　D. 防酸隔爆作用

26. RS-232 接口在实际应用中的物理接口有（　　　）。

    A. DB25 针　　　　B. DB25 孔　　　　C. DB9 针　　　　　D. DB9 孔

27. 利用监控系统进行蓄电池维护包括（　　　）。

    A. 发现落后电池，及早更换，避免故障的发生

    B. 使用开关电源的测试功能，对蓄电池进行放电

    C. 调节蓄电池电解液平衡

    D. 测试蓄电池均充电压

28. 某蓄电池组发现一个单体电池内部开路时，以下说法（　　　）是不正确的。

    A. 单个电池不影响整组电池，可继续使用

    B. 进行补充充电

    C. 立即更换一个同型号同容量的电池

    D. 更换整组蓄电池

29. 通信局（站）用低压阀控铅酸蓄电池组进行容量测试的周期为（　　　）。

    A. 新建蓄电池组在投入使用前

    B. 投产后，应每年完成一次核对性放电试验

    C. 投产后，每 3 年应完成一次容量实验，使用满 6 年后，应每年一次完成容量实验

    D. 搁置存放超过 3 个月后

30. 通信设备对电源系统的基本要求是（　　　）。

　　A. 供电可靠性　　　　　　　　B. 供电质量

　　C. 供电经济型　　　　　　　　D. 供电灵活性

三、判断题

1. 1000Ah 的蓄电池以 3h 率电流放电时，电流是 330A。（　　　）

2. 1000Ah 的蓄电池以 250A 电流放电时，可以放电 4h。（　　　）

3. 10BaseT 局域网使用的接口为 RJ45。（　　　）

4. −48V 直流电源供电回路全程最大允许压降为 3V。（　　　）

5. RS−232 通信电缆的一般通信距离可以超过 100m。（　　　）

6. RS−422 与 RS−485 的最主要区别是：前者是全双工，后者为半双工。
（　　　）

7. UPS 按输出波形分类，可分为输出波形为正弦波的 UPS 和输出波形为方波的 UPS。输出波形为方波的 UPS 不适合带感性负载。（　　　）

8. UPS 并联连接的目的是提高 UPS 供电系统的可靠性，增加 UPS 系统的容量，随着并机台数的增加，可靠性也越高。（　　　）

9. UPS 并联与串联都是为了提高 UPS 系统的可用性。（　　　）

10. UPS 的操作指南应集中妥善保管，主机现场可不放置操作指南。（　　　）

11. UPS 的功率因数越大越好。（　　　）

12. UPS 的过载能力主要取决于其整流器与逆变器的功率设计余量。
（　　　）

13. UPS 的人为故障大致可分为九类，即怀疑故障、经验故障、知识性故障、交接故障、操作故障、环境故障、延误故障、选型故障及维护故障。怀疑故障的出现主要是由于缺乏基本的理论知识所致。（　　　）

14. UPS 断电时工作时间的长短与配置的蓄电池容量有关。（　　　）

15. UPS 轻载运行时，机器运行的可靠性越高，故障率就越低。（　　　）

16. UPS 系统不能带负载开机。（　　　）

17. 采用 12 脉冲整流器的双变换 UPS 输入电流的谐波含量比采用 6 脉冲整流器的双变换 UPS 高，主要含有 11、13、23 次和 25 次谐波。（　　　）

18. 采用电感等无源功率因数校正电路的 UPS 的缺点是体积大，但抑制高

次谐波效果比较好。（　　）

19. 采用分散供电方式时，交流供电系统仍采用集中供电方式。（　　）

20. 采用升压整流器的 UPS 比采用可控硅整流器的 UPS 具有更高的可靠性。（　　）

21. 测量电路中的任一电阻，可用万用表的两极直接接触电阻的两端并读取数值。（　　）

22. 处于市电不稳定、频繁放电工作状态下的蓄电池组，其浮充电压的设置应接近厂家技术说明书标注的浮充电压的上限值，以保证蓄电池的充电在最短时间内完成。（　　）

23. 当被监控设备发生故障时，如不是紧急告警，监控系统不自动发出报警。（　　）

24. 当波特率为 1200bit/s 时，RS－485 的最大传输距离理论上可达 15km。（　　）

25. 当蓄电池的放电率高于 10h 放电率时，电池容量小于额定容量。（　　）

26. 当重要负载的 UPS 发生故障时，应尽快关机，避免造成更大故障。（　　）

27. 低压交流电的标称电压为 220/380V，三相五线，频率 50Hz。（　　）

28. 对 UPS 系统进行放电测试时，放电负载应为阻性负载，不能使用容性负载。（　　）

29. 高频开关电源内部不需要用变压器变换电压，所以体积质量比相控电源小很多。（　　）

30. 高频开关电源设备机房的室内温度不宜超过 28℃。（　　）

答　　案

一、单选题答案

1. A　2. C　3. B　4. B　5. B　6. B　7. A　8. B　9. A　10. B

11. C　12. A　13. C　14. C　15. B　16. D　17. A　18. B　19. B　20. B

21. A　22. A　23. C　24. B　25. B　26. A　27. B　28. C　29. A　30. C

31. B　32. A　33. B　34. C　35. D　36. C　37. B　38. C　39. A　40. C

二、多选题答案

1. ABC　2. ABC　3. BCD　4. ABCD　5. ABCE　6. ABC　7. ABCD

8. AD　9. ABC　10. AD　11. ABCD　12. AD　13. ABCD　14. ABCD

15. ABCD　16. ABCD　17. ABC　18. ABD　19. ABD　20. BC

21. ABC　22. ABCDE　23. AC　24. ABCD　25. AB　26. ABCD

27. AB　28. ABD　29. ABC　30. ABCD

三、判断题答案

1. ×　2. ×　3. √　4. √　5. ×　6. √　7. √　8. ×　9. √　10. ×

11. ×　12. √　13. ×　14. √　15. ×　16. √　17. ×　18. ×　19. √

20. ×　21. ×　22. √　23. ×　24. √　25. √　26. ×　27. √　28. √

29. ×　30. √

参 考 文 献

[1] 中华人民共和国工业和信息化部. 通信局(站)电源系统总技术要求：YD/T 1051—2018. 北京：人民邮电出版社，2019.

[2] 中华人民共和国工业和信息化部. 通信用高频开关电源系统：YD/T 1058—2015. 北京：人民邮电出版社，2015.

[3] 国家电网有限公司. 国家电网有限公司安全事故调查规程［M］. 北京：中国电力出版社，2021.

[4] 国家电网有限公司. 信息机房设计及建设规范：Q/GDW 10343—2018. 北京：中国电力出版社，2020.

[5] 国家电网有限公司. 通信电源技术、验收及运行维护规程：Q/GDW 11442—2020. 北京：中国电力出版社，2020.

[6] 中华人民共和国信息产业部. 通信局(站)防雷与接地工程设计规范：YD/T 5098—2005. 北京：北京邮电大学出版社，2006.

[7] 中华人民共和国工业和信息化部. 通信用 48V 整流器：YD/T 731—2018. 北京：人民邮电出版社，2018.

[8] 中华人民共和国工业和信息化部. 通信用阀控式密封铅酸蓄电池：YD/T 799—2010. 北京：人民邮电出版社，2011.

[9] 国家市场监督管理总局、国家标准化管理委员会. 音视频、信息技术和通信技术设备 第 1 部分：安全要求：GB 4943.1—2022. 北京：中国标准出版社，2022.

[10] 国家市场监督管理总局、国家标准化管理委员会. 电缆和光缆在火焰条件下的燃烧试验 第 12 部分：单根绝缘电线电缆火焰垂直蔓延试验 1kW 预混合型火焰试验方法：GB/T 18380.12—2022. 北京：中国标准出版社，2022.

[11] 国家电网有限公司. 电力系统通信站安装工艺规范：Q/GDW 10759—2018. 北京：中国电力出版社，2018.

[12] 中华人民共和国住房和城乡建设部，国家质量监督检验检疫总局. 电气装置安装工程蓄电池施工及验收规范：GB 50172—2012. 北京：中国计划出版社，2012.

[13] 国家电网公司. 电力通信检修管理规程：Q/GDW 720—2012. 北京：中国电力出版社，

2012.

[14] 国家电网有限公司. 电力通信现场标准化作业规范：Q/GDW 10721—2020. 北京：中国电力出版社，2020.

[15] 国家电网公司. 电力通信系统安全检查工作规范：Q/GDW 756—2012. 北京：中国电力出版社，2012.

[16] 国家电网有限公司. 通信电源技术、验收及运行维护规程：QGDW 11442—2020. 北京：中国电力出版社，2020.

[17] 中华人民共和国信息产业部. 通信电源设备的防雷技术要求和测试方法：YD/T 944—2007. 北京：人民邮电出版社，2007.

[18] 强生泽，等. 通信电源系统与勤务［M］. 北京：中国电力出版社，2018.

[19] 董刚松，曾京文. 电力通信电源系统［M］. 北京：科学出版社，2022.

[20] 杨立朋. 动环监控系统在通信电源系统中的实践研究［J］. 移动信息，2023，45（3）：217－219.

[21] 马魁，周玉猛，曹亚辉. 通信电源系统的安全管理措施［J］. 通信电源技术，2023，40（8）：117－119.

[22] 秦瑞霞. 变电站通信电源系统规划设计实践研究［J］. 通信电源技术，2023（022）：40.

[23] 黄鹏. DC/DC 直流电源系统在通信电源系统中的实践分析［J］. 电子世界，2021（22）：2.

[24] 袁峰，章理，陈小惠，等. 通信电源监控系统在电力通信中的运用思考［J］. 通信电源技术，2023，40（6）：76－78.

[25] 贺娇，夏帅，刘辉，等. 加强电力通信电源系统安全稳定运行的方法探究［J］. 科技与创新，2023（4）：126－128.

[26] 赵峙钧. 柔性通信电源系统的创新型设计［J］. 通信电源技术，2022，39（13）：37－40.